**굿바이
다윈?**

SAYONARA Darwinism

© Kiyohiko Ikeda 1997

All rights reserved.

Original Japanese edition published by KODANSHA LTD.

Korean translation copyright © Greenbee Publishing Company 2009

Korean translation rights arranged with KODANSHA LTD.

through Shin Won Agency Co.

굿바이 다윈? : 신다윈주의, 비판적으로 읽기

초판 1쇄 인쇄 _ 2009년 7월 22일
초판 1쇄 발행 _ 2009년 7월 25일

지은이 _ 이케다 기요히코
옮긴이 _ 박성관

펴낸이 _ 유재건 | 주간 _ 김현경
편집팀 _ 박순기, 박재은, 주승일, 박태하, 강혜진, 김혜미, 임유진, 진승우, 박광수, 김연정, 김원영
마케팅팀 _ 이경훈, 정승연, 서현아 | 디자인팀 _ 이해림, 신성남
영업관리 _ 노수준, 이상원, 양수연

펴낸곳 _ 도서출판 그린비 | 등록번호 _ 제10-425호
주소 _ 서울시 마포구 동교동 201-18 달리빌딩 2층 | 전화 _ 702-2717 | 팩스 _ 703-0272

ISBN 978-89-7682-327-4 03400
이 도서의 국립중앙도서관 출판시도서목록(CIP)은 e-CIP홈페이지(http://www.nl.go.kr/ecip)에서
이용하실 수 있습니다. (CIP제어번호 : CIP2009002170)

그린비 출판사 **나를 바꾸는 책, 세상을 바꾸는 책**
홈페이지 · www.greenbee.co.kr | 전자우편 · editor@greenbee.co.kr

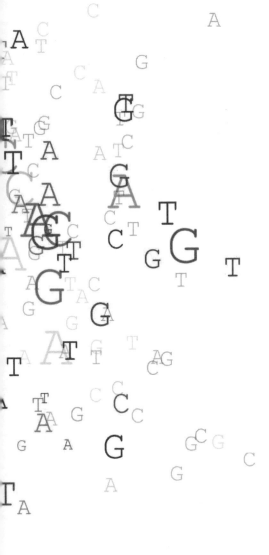

굿바이 다윈?

이케다 기요히코 지음 **박성관** 옮김

신다원주의, 비판적으로 읽기

B
그린비

옮긴이 서문 _ 진화론의 진화를 위하여

다윈 탄생 200주년, 『종의 기원』 출간 150주년을 맞아 세계적으로 많은 행사가 열리고 관련 서적도 다수 출간되고 있다. 우리나라에서도 다윈 전시회와 기념 강연 등이 이어지고 있다. 그런데 뭔가 이상하다. 다윈에 관해 수많은 학자들이 말을 하고 각종 언론 매체에 다윈 관련 특집 기획이 줄을 이어도 왠지 모를 공허감이 가시질 않는다. 다윈 자체가 생생하게 느껴지질 않는다. 왜일까?

　간단하다. 다윈이 되살아나지 않았기 때문이다. 오늘날 다윈이라는 이름으로 우리 앞에 펼쳐지는 내용은 신다윈주의라 불리는 현대 진화론이지 다윈의 사상 그 자체가 아니기 때문이다. 신다윈주의는 다윈이 제시한 진화론의 기본 뼈대에 유전학의 성과 등을 결합하여 거대한 종합을 이뤄낸 이론이다. 그로 인해 진화론은 정상 과학normal science이 되었고 과학자들 스스로도 진화는 더 이상 이론이 아니라 엄연한 사실이라고 주장하게 되었다. 바로 그렇기 때문에 이제 다윈 자체는 더 이상 '문제'가 되지 않고 고민을 불러일으키지도 못한다(창조론을 극단적으로 신봉하는 사람들에게는 사정이 좀 다르겠지만 그것은 과학 바깥의 문제이니 여기서 논할 바가 못 된다).

이 책은 바로 그러한 신다윈주의를 비판하는 책으로 원제는 『さよ
なら ダ—ウィニズム』(『다윈주의여, 이젠 안녕』, 講談社, 1997)이다. 여러
가지 다양한 사례를 들며 신다윈주의의 문제점을 비춰 내고 그런 문제
점이 데카르트·뉴턴주의, 더 멀리는 플라톤주의와 어떻게 관련되는지
를 보여 준다. 한마디로 다윈의 사상은 플라톤주의에 대한 비판에서 출
발하였으나 신다윈주의에 이르러 새로운 형태의 플라톤주의가 되었다
는 것이 저자의 주장이다. 진화론의 최전선에서 저자가 신다윈주의에
대한 대안으로 제시하는 것은 관계성을 중심으로 하는 구조주의진화론
이다.

라마르크가 당시에는 첨단 과학자가 아니라 구시대의 유물 정도로
간주되었다든가, 멘델이 유전법칙을 발견하게 되는 과정의 우연성 등은
흥미롭기 그지없다. 라마르크의 사상은 근본적으로 데카르트·뉴턴주의
였다는 점, 『종의 기원』이 주창한 '분기 진화론'은 그와 전혀 다른 혁명
적 사상이라는 점도 명쾌하게 설파되어 있다. 물론 저자는 신다윈주의
에 대해서 만큼은 아니지만 다윈에 대해서도 비판적인 시각을 가지고
있다. 결국 이 책은 다윈 사상의 '문제성'을 환기하면서 새로운 진화론
(구조주의진화론)을 주장하려는 시도다.

이 책이 신다윈주의, 나아가 다윈의 사상 자체를 비판하는 책이라
면 새로운 관점에서 다윈을 옹호하려는 입장도 있다. 예컨대 세포공생
설을 제창한 린 마굴리스L. Margulis가 그렇다. 그녀는 "제가 신다윈주의자
가 아님을 알아차렸을 때, 마치 살인을 자백하는 것 같았습니다"라고 말
한 다음 재빨리 이렇게 덧붙였다. "그러나 누가 뭐라 해도 저는 다윈주
의자입니다. 저는 우리가 변이의 기원에 대한 중요한 정보를 놓치고 있
다고 생각합니다. 이런 점에서 저는 신다윈주의 패들과 다릅니다."(마이

클 셔머, 『왜 다윈이 중요한가』, 류윤 옮김, 바다출판사, 246쪽)

한편 현대 생물학계의 양대 산맥인 스티븐 J. 굴드S. Gould와 리처드 도킨스C. Richard Dawkins도 서로 다윈의 적자嫡子임을 다투었던 사람들이다. 굴드는 진화론을 혁신함으로써 다윈의 근본정신을 소생시키려 했고, 도킨스는 그런 시도를 비판하면서 다윈 자체를 수호하려고 했다. 역자 또한 이들과 더불어 다윈이 매우 위험한 사상을 전개했으며 그 불온성은 오늘날에도 여전히 부글부글 끓고 있다고 생각한다. 이 뜨거움이 잘 느껴지지 않는 것은 불온성을 억압당하고 있기 때문이다. 다윈의 사상에서 무엇이 그토록 문제적이며 또 신다윈주의에서는 어떤 점이 문제가 되고 있는 것일까?

바로 이 점까지 생각이 미치는 사람이라면, 다윈을 그저 죽은 화석으로 기념하는 태도만으로는 도저히 만족할 수 없는 사람이라면 다윈과 직접 만나 그 문제성을 체감해야 한다. 그리하여 그것이 삶의 문제가 되어야 한다.

우선 우리는 『종의 기원』을 직접 읽어야 한다. 하지만 유감스럽게도 그렇게 많은 번역본들 중에 믿고 읽을 만한 것은 아직 없다. 읽다가 지루하거나 어려워서 포기하신 독자들도 적지 않을 텐데, 그건 여러분의 잘못도 아니고 다윈의 탓은 더더욱 아니다(『종의 기원』은 평이한 문체들로 쓰여 있으며 곳곳에 보석과 폭탄들이 널려 있는 책이다). 위대한 고전들의 운명은 왜 이리도 닮았는지! 올해 안에 믿을 만한 번역서가 나온다고 하니 독자 여러분도 곧 만나 보실 수 있기를 기대한다. 단 주의할 것은 『종의 기원』을 현대 생물학의 미숙한 형태로 읽지는 말자는 것이다. 그런 독서에서 얻어지는 것은 한없는 지루함뿐이다. 다윈이라는 한 사람이 세계의 비밀과 마주쳤을 때의 그 떨림을 느낄 수 없다면 차라리 현대 생물학 책을 읽는 쪽이 훨씬 더 현명할 것이다.

다윈의 삶에 대해서도 관심을 가져 보자. 다윈의 자서전 『나의 삶은 서서히 진화해왔다』(갈라파고스)도 번역되어 있고, 데이비드 쾀멘D. Quammen의 『신중한 다윈씨』(승산), 시릴 아이돈C. Aydon의 『찰스 다윈』(에코리브르), 피터 J. 보울러P. Bowler의 『찰스 다윈』(전파과학사) 등의 책도 다윈의 생애와 사상을 개괄해 주는 괜찮은 책들이다. 그리고 출판사가 밝힌 예정대로라면 올해 안에 정평 있는 다윈 평전이 잇따라 출간될 것이다. 자넷 브라운J. Browne의 *Charles Darwin : Voyaging*과 *Charles Darwin : The Power of Place*, 에이드리안 데스몬드A. Desmond와 제임스 무어J. Moore의 *Darwin : The Life of a Tormented Evolutionist*가 그것이다.

거기에 현대 생물학을 사상철학적으로 다룬 고이즈미 요시유키小泉義之의 『들뢰즈의 생명철학』(동녘) 같은 책도 유익할 것이다(특히 1부). 자연과학자들과 인문사회과학자들 모두 제 집에서 잘 나오지 않으려 하는 나쁜 관행 속에서 이런 횡단적인 책들은 참으로 귀한 시도일 수밖에 없다. 본서도 이런 맥락에서 읽혀짐으로써 우리의 사상적 지평이 더욱 넓혀지기 바란다.

저자는 『구주주의과학론의 모험』構造主義科學論の冒險, 『구조주의와 진화론』構造主義と進化論, 『분류라는 사상』分類という思想 등을 펴내며 활발하게 활동하고 있는 생물학자다. 그런 저자가 고단샤 학술국 직원들을 상대로 강의를 하고 그걸 책으로 펴낸 것이 바로 본서다. 저자는 "수강생 역을 맡아 주신 고단샤 학술국 여러분의 안색을 살펴 가면서, 될 수 있는 한 쉽고도 재미있게 이야기하려고 애썼다."(「후기」에서) 그리하여 저자가 들려주는 흥미진진한 이야기를 듣다 보면 우리는 어느새 "진화론의 진정

한 최전선은 어디에 있고 무엇이 진짜 문제인지"를 파악할 수 있게 된다. 현대 사상의 총아인 구조주의에 대해 관심 있는 독자들은 그것이 현대 생물학과 접속하는 대목 또한 놓쳐선 안 될 것이다.

나는 다윈의 사상이 인간중심주의와 목적론을 근저에서 비판하였으며, 현대 과학도 이 비판에서 자유로울 수 없다고 생각한다. 여기에 주목할 때 그의 사상은 '지금-여기'에서 더욱 불온한 사상이 될 수 있으며, 바로 그때 우리는 '인간'이 사라지는 세계 속으로 들어갈 수 있을 것이라 믿는다. 이 책이 다윈의 불온성을 더 한층 부추기는 계기가 되기를 바란다.

2009년 7월
옮긴이 박성관

::차 례

프롤로그_ 다원주의의 한계

1. 진화론의 기본도식

진화론의 주류 신다윈주의

진화론이라고 하면 다윈을 금방 떠올리겠지만 엄밀히 말하면 오늘날의 진화론은 다윈이 제창한 것과는 조금 차이가 있다(다윈의 학설이 기초에 깔려 있는 것은 사실이지만). 그래서 오리지널한 다윈의 학설과 구별하여 현재의 진화론을 종합설 혹은 신다윈주의라고 부른다.

신다윈주의는 다윈의 자연선택설과 멘델의 유전학설을 융합시켜 생겨난 학설로 1940년대께 확립된 것이다. 신다윈주의는 마땅한 대항이론이 없기도 해서 현재까지 진화론의 주류 학설이 되어 있다.

이 학설의 주장은 우선 '돌연변이가 우연히 일어난다'는 것이다. 그리고 '돌연변이는 유전자에서 발생한다'고 간주하고 있다. 현재로서는 유전자가 곧 DNA이므로, 이 학설에 따르면 돌연변이는 DNA에서 일어나는 셈이다.

DNA 정보라는 것은 아데닌(A), 티민(T), 시토신(C), 구아닌(G), 이렇게 네 가지 염기의 배열이니까 그 순서가 어지럽혀진다든가 다른 것으로 바뀌면 그 부위를 포함한 유전자는 변화된다. 신다윈주의는 이 DNA의 변화가 우연히 일어나고, 이것이 원인이 되어 생물의 형태나 행동이 조금 변화한다고 주장하는 것이다.

　나아가 생물의 생식은 보통 유성생식이니까 수컷과 암컷의 유전자가 섞이게 된다. 그 과정에서 유전자들끼리 상호 균형을 이루기도 하지만, 그 중 가장 환경에 적합한 유전자가 선택되고 살아남아 차차 우세해져 간다고 생각한다. 이를 자연선택이라고 한다.

　따라서 현재 신다윈주의의 기본도식은 '진화란 우연히 발생하는 유전자의 돌연변이가 자연선택, 즉 적응적 프로세스를 거쳐 집단 속에 침투해 가는 것'이다.

중립설의 융합

진화론과 관련하여 기무라 모토木村資生가 1968년에 제창한 중립설이라는 학설도 있다. 자연선택에 있어서 유리하지도 않고 불리하지도 않은 중립성 돌연변이가 우연히 집단 내에 확산되어 고정됨으로써, 진화가 발생한다고 보는 설이다. 집단의 DNA상에서 일어나는 염기의 치환은 긴 안목에서 보면 거의 우발적으로 일어나는 것이라서 거기에는 자연선택적인, 즉 적응적인 경향bias이 없다고 보는 것이다. 어떤 변이도 긴 시간이 지난 뒤 해당 집단 전체가 그 변이형만으로 구성될 확률이 완전히 제로는 아니라는 대목에 이 설의 근거가 있다.

　예컨대 A형·B형·O형·AB형이라는 네 종류 혈액형에 관해 생각해 보자. 일본인 중 가장 많은 것은 A형이고 뒤이어 O형·B형·AB형의 순이며, 집단이 크면 그 비율은 오랜 시간이 흘러도 거의 변하지 않는다.

　그러나 유한 집단인 한, 어느 정도 변화할 가능성은 제로가 아니다.

집단이 작으면 작을수록 비율이 변할 확률은 커진다.

지금부터 1만 년 정도 전에 유라시아에 있던 사람들이 바싹 마른 알류산Aleutian열도를 건너 현재의 남북아메리카의 인디언이 되었다고 한다. 50명에서 100명 정도의 단위로 이동했던 것으로 보이는 바, 우발적으로 어떤 유전자가 아주 많을 확률은 대단히 높았던 것으로 생각된다.

실제로 조사해 보니 A형만 있는 부족이나 거의 O형만 있는 부족이 있다. 이는 집단이 작았기 때문에, 적응적 이유와는 관계없이 도중에 우연히 많았던 유전자가 그대로 정착된 것에 기인하는 것으로 보인다. 또한 우연히 유전자가 누락되는 것과 마찬가지로 어떤 변이를 가진 유전자가 집단 안에 우연히 확산되어 가는 일도 있다. 이러한 집단에 있어서 유전자의 우발적인 빈도 변화를 유전적 부동浮動이라 부른다.

돌연변이는 물론 우연히 일어나는 것으로 판단된다. 그러나 자연선택은 우연에 의한 것이 아니라 환경에 최대한도로 적합한 형질을 초래한다. 중립설은 자연선택 중심의 진화론과는 양립할 수 없는 면이 있었기 때문에, 초기에는 논쟁을 불러일으켰다.

그러나 자연선택과는 다른, 분자 레벨에서의 진화가 일어나고 있다는 것이 꼭 자연선택을 부정하는 것은 아니다. "자연선택 이외의 진화는 우연이다." 이것이 현재 신다윈주의의 또 하나의 기본적 도식이다.

그렇지만 현재 신다윈주의로는 잘 설명되지 않는 사례들이 몇 가지 있다.

우선 첫번째로 진화의 주된 요인은 자연선택이라는, 다윈 이래 현재까지 면면히 이어지는 주된 가정에 대한 반증이 있다. 두번째로 돌연변이가 우연히 일어난다는 것에 대한 반증이 있다. 셋째로 진화의 동력은 자연선택이나 유전적 부동이지만 일차적인 변이의 원인은 처음에 유전자에 일어나는 변화라고 보는 이론에 대한 반증이 있다. 유전자에 변화가 일어나지 않아도 형태가 변해 버리는 일이 있는 것이다.

이 세 가지 반증 사실을 순번대로 이야기해 보고자 한다.

2. 신다윈주의에 대한 세 가지 반증

자연선택에 대한 반증

내가 고등학교 다니던 시절의 교과서에는 반드시 흑화 나방黑化蛾이 자연선택의 예로 실려 있었다. 영국에 후추나방peppered moth이라는 약간 큰 나방이 있다. 일본에도 홋카이도 주변에 이와 동일한 나방들이 있는데, 이 후추나방에는 흰 놈과 검은 놈이 있다.

산업혁명이 일어나고 한동안, 영국에서는 석탄을 활발히 사용했다. 나무는 매연으로 새카매져 버리고 거기에 붙어 있던 이끼 등은 전부 떨어져 버렸다. 그리되자 본래 있었다고 하는 흰색 후추나방은 눈에 확 띄게 되었고 날아온 새들에게 곧 잡아먹혀 버렸다.

그러나 때로 돌연변이가 일어난 검은 타입의 후추나방은 보호색 효과로 인해 눈에 띄지 않게 된다. 여기에 날아온 새가 이들을 잡아먹느냐 아니냐 하는 선택압選擇壓이 작동하게 되면서, 흰 나방은 서서히 잡아먹혀 집단 내에서 줄어들고 검은 나방만이 남는다. 그 결과 처음에는 대단히 낮았던 검은 나방의 비율은 점점 더 높아져 갔으며 흰 놈은 도태되어 없어져 간다.

이것은 자연선택의 실증례로서 어느 교과서에나 실려 있었는데, 근년에 들어 의문이 제기되고 있다. 공업흑화는 자연선택과 관계없는 게 아닐까라는 이야기가 나오기 시작한 것이다.

예컨대 매연으로 오염된 잎을 유충들에게 먹여 보니 그 유충들이 성장하자 검게 된다는 걸 알게 되었던 것이다. 검은 매연으로 오염된 잎을 먹으면 흑화되는 것은 생리적 반응인 듯하다.

의태호랑나비의 의태

또한 고전적인 예로는 의태擬態가 있다. 의태는 자연선택설에 극히 잘 들어맞는 이야기다.

예를 들면 독이 있는 나비와 독이 없는 나비가 있다. 독이 있는 나비를 먹은 새는 그 사실을 기억하고 있으므로, 독이 있는 나비와 조금이라도 닮은 나비는 먹지 않게 된다. 결국 독나비와 조금이라도 닮은 나비는 닮지 않은 나비에 비해 유리해진다. 따라서 독이 없는 나비는 서서히 형태나 색채가 독나비와 닮아 간다고 생각하는 것이다.

물론 그런 예는 많이 존재한다. 가장 유명한 것은 아프리카의 의태호랑나비다.

의태호랑나비 수컷은 하얀색이며 의태하지 않는다. 새끼를 낳는 암컷만이 의태한다. 수컷이든 암컷이든 너무 많이 의태하면 원 모델보다도 의태하고 있는 의태호랑나비 쪽이 많아져서 효과가 없어져 버린다.

새가 처음에 독나비를 먹는 것이 중요하다. 새가 이런 나비는 도저히 먹지 못하겠다고 생각하면, 그와 같은 얼룩무늬를 가진 나비는 새로부터 벗어날 수 있다. 그러나 의태하고 있는 나비가 원 모델보다 많아져 버리면, 새는 맛있다고 생각하며 먹어 버린다.

따라서 수컷은 의태하지 않고 암컷만 의태한다고 설명되어 왔다. 이 설명 자체도 사실 좀 이상하지만 일단은 그냥 넘어가기로 하자.

의태호랑나비의 모델이 되는 독 있는 나비는 아프리카 전역에 여러

의태호랑나비의 의태
왼쪽부터 의태호랑나비 수컷, 히포쿤형(hippocoon) 암컷, 그 모델인 아마우리스 니아비우스
(Amauris niavius), 의태호랑나비 플라네모이데스형(planemoides) 암컷. 의태호랑나비 수컷은 한
가지 타입밖에 없지만, 암컷은 각 지역마다 서식하는 몇몇 독나비들을 의태해 다형(多形)이 된다.

종이 산다. 의태호랑나비들은 각각 자기 지역에 사는 독나비에 의태하
기 때문에, 예전에는 다양한 종류가 있으리라 여겨졌다.

그런데 마다가스카르에는 모델이 될 법한 독나비가 없기 때문에,
거기서는 암컷도 수컷과 마찬가지로 하얗다. 그런 사실로부터 의태는
자연선택의 좋은 사례라고 거론되어 왔다.

그러나 자연선택이 성립하려면 의태하고 있지 않은 나비도 살아남
을 수 있다는 중요한 조건이 충족되어야 한다. 일단 살아남을 수 있어야
의태 생물로 서서히 이행해 갈 수 있다. 그렇다면 의태하지 않고서는 절
대로 살아남을 수 없는 생물은 어떨까?

개미의 페로몬의 역할

예컨대 개미집 안에는 공생하고 있는 벌레나 작은 동물들이 많이 있다.
왜냐하면 개미집 속은 그 개미에게 공격 받지 않는 한 극히 안전하기 때
문이다.

개미는 집집마다 각각 특유의 페로몬을 내고 있어서 동종의 개미라도 다른 집 개미라면 공격한다. 자기 집의 대단히 특수한 화학물질과 전적으로 같은 페로몬이 배어 있는 놈 이외에는 전부 살해해 버린다. 그러나 개미집 안에 있으면 외적으로부터 방어가 된다는 이점이 있어 공생하는 벌레나 작은 동물들은 안전한 것이다.

나는 오스트레일리아에서 블루앤트blue-ant라는 커다란 개미집을 파보려고 하다가 금세 포기한 적이 있다. 개미들이 연달아 튀어 올라와서 생명에 위협을 느꼈기 때문이다. 개미는 본래 벌이다. 블루앤트는 원시적인 개미이기 때문에 독침까지 지니고 있고 깨물 뿐만 아니라 찌르기도 한다. 우리 집 아이도 몇 군데나 찔렸다.

왜 블루앤트의 집을 파려고 했냐 하면, 그 개미의 집에는 블루앤트를 의태한 하늘소가 있기 때문이다. 그 놈은 어찌된 일인지 생김새가 블루앤트와 완전히 판박이다. 표본이 세계에 두셋 없는 그야말로 진귀한 종류의 생물이다. 바로 그 놈을 채집하고 싶었던 것이다.

생각해 보면 어떤 생물이 블루앤트의 집 안에 들어가기 위해서는 블루앤트와 꼭 닮은 화학적 물질을 의태하지 않으면 안 된다. 그러니 서서히 의태가 진행되어서 될 수 있는 게 아니다. 그렇게 느려 터져 가지고는 제대로 의태가 이루어지기도 전에 살해당하고 말 것이다.

부전나비, 좀개미꽃등에의 화학의태

이런 사례는 아주 많다. 나비 중에는 개미집에 기생하는 커다란 부전나비가 있다. 일본에는 담흑부전나비나 쌍꼬리부전나비 같은 나비가 개미집에서 공생하고 있다.

혹은 귤빛부전나비의 유충이나 번데기는 개미가 많은 곳에 함께 있

좀개미꽃등에 유충
기묘한 형태의 이 유충은 고동털개미와 공생한다.

는데, 개미는 그들을 공격하지 않는다. 그렇지만 성충이 되자마자 페로몬을 없애 버리는지 갑자기 개미에게 공격당한다. 이런 사정 때문에 성충이 되자마자 그들은 엄청난 기세로 개미 무리로부터 달아난다. 개미는 순식간에 몰려와서 달아나는 귤빛부전나비의 털을 물고 늘어지는데, 달아나던 놈들 중에는 끝내 개미에게 살해당하는 놈도 있다.

좀개미꽃등에라는 등에虻가 있다. 나는 도쿄도東京都에 있는 마치다町田 자연공원에서 채집활동을 한 적이 있다. 개미집을 파면 둥그런 쥐며느리를 닮은, 곤충의 유충이라고는 도저히 생각되지 않는 희한한 놈이 나온다. 이것이 좀개미꽃등에의 유충이다. 이 놈이 무엇을 먹는지는 잘 알려져 있지 않다. 개미 유충의 키틴질을 핥고 있는 게 아닐까 하는 쪽으로 연구하는 사람이 있다. 좀개미꽃등에도 개미집의 가장 위쪽에서 번데기가 된다. 이것도 성충이 되자마자 공격받을지 모른다.

곤충이라는 것은 불편하게 생겨 먹은 놈들이어서, 번데기에서 성충이 되면 날개를 뻗어야만 한다. 그 때문에 어딘가에 머무르지 않으면 안 되는데 문제는 거기까지 도달하는 것이 여간 힘든 게 아니며, 만일 개미와 같은 페로몬을 갖고 있지 않다면 그 사이에 공격당하고 만다.

지금까지 말한 것과 같은 개미와 공생하는 방식의 의태는, 의태가 단숨에 이뤄져야지 서서히 진행되어 가지고는 안 된다. 유전자가 우연히 변화하고 조금씩 의태하는 방식으로는 안 되는 것이다. 따라서 이러한 화학의태를 어떻게 생각할지는 자유지만 어쨌든 자연선택으로 이뤄졌다고는 생각할 수 없다. 이는 자연선택설에 대한 고전적인 반증례다.

면역의태

또 한 가지, 이건 고전적이라고 해야 옳을지 잘 모르겠지만, 면역 체계를 빠져 나가는 의태가 있다.

내가 야마나시대학山梨大學에 부임했을 무렵, 그러니까 지금으로부터 약 20년 전에는 이미 거의 없어진 상태였지만, 야마나시에는 일본주혈흡충〔住血吸蟲 ; 사람이나 동물의 혈관 속에 기생하는 흡충류〕에 의한 질병이 있었다. 부임 초기에 만난 학생에게 물어보니 그가 어렸을 때는 배가 부풀어 오른 할아버지나 할머니들이 나른한 듯 천천히 걷고 있는 모습을 심심찮게 볼 수 있었다고 한다. 야마나시에서는 지방병이라고 부르고 있었는데, 질병 말기가 되자 복수腹水가 찬 것이었다.

일본주혈흡충은 다슬기를 중간숙주로 하는데, 그 중간숙주의 체내로부터 방출되는 세르카리아〔cercaria ; 유충의 한 단계〕가 피부를 뚫고 체내에 침입한다. 6월이나 7월께에 논 같은 데 들어가면 세르카리아가 피부를 통해 들어와 몸속을 빙글빙글 돌다가 문맥〔門脈 ; 소화기 등에서 나오는 정맥혈을 간으로 운반하는 혈관〕에 기생하며 거기서 성충이 되어 산란도 척척 해낸다. 알은 석회질로 이루어져 있다. 문맥에서 간장의 모세혈관으로 가서 거기에 잔뜩 쌓이면 그곳에서 앞 혈관 쪽으로 혈액이 흐르지 못하게 되고, 최종적으로 간경변을 일으켜 복수가 차고 간장암을 일으킨다든가 해서 죽고 만다.

그런데 우리는 면역력을 가지고 있어서 외부로부터 침입해 온 것은 배제한다. 바로 이런 이유 때문에 장기이식이 어려운 것이다. 인간의 장기도 거부반응을 일으키는데, 왜 이 경우에는 일본주혈흡충이 체내에 들어와도 공격하지 않는 것일까? 이것은 꽤나 오랫동안 의문시되어 왔는데 지금은 해명된 상태다.

인간에게는 조직적합항원(HLA)이 있다. 이는 인간에 따라 저마다 미묘한 차이가 난다. 예를 들면 일란성 쌍둥이는 유전적 조성이 같기 때문에 거의 합치되지만, 타인으로부터 같은 조직적합항원을 찾으려고 하면 몇 억 명에 한 명밖에 못 찾아낸다. 그래서 장기이식 때는 면역을 억제할 필요가 있는 것이다.

그러면 왜 일본주혈흡충은 문제가 없을까. 우선 일본주혈흡충이 내 몸에 들어 왔다고 해보자. 그러면 일본주혈흡충은 내 조직적합항원을 몸의 표면에 들러붙게 만든다. 나의 면역계는 일본주혈흡충을 '나'라고 간주한다. 한마디로 '자기'가 되어 버리는 것이다.

면역학자인 다다 도미오多田富雄와 함께 심포지엄에 참여했을 때, 그에게 "기생충은 자기입니까"라고 물었더니 "면역학적으로 말하자면 자기입니다"라고 대답했다. 일본주혈흡충의 면역의태도 역시 일거에 일어나지 않으면 안 된다. 기생충은 서서히 면역의태해 가지고는 안 되는 것이다.

예를 들어 근해의 물고기를 잘못 먹으면 고래회충이 배에 들어와 통증이 대단히 심한 경우가 생긴다. 이 놈은 면역의태를 할 수 없으니까 결국 내 몸에서 커다란 반응이 일어나는 것이다. 이 놈을 배제해야만 하기 때문에 인간의 면역계가 반응하여 염증을 일으킨 것이다. 그러니까 고래회충이 우리 몸 안에 계속 들어 있을 수는 없다. 위에 구멍이 뚫려 죽어 버리지 않는 한 고래회충은 반드시 죽음을 당한다.

그런데 일본주혈흡충이 인간의 몸속에 들어오는 경우에는 별다른 고통이나 가려움을 느끼지 않는다. 한 번에 많이 들어오면 다리가 붓는다고 하는데, 한두 마리 정도는 들어와 봤자 아무 일도 없다. 우리는 그것을 이물異物로 간주하지 않기 때문에 어떤 공격도 하지 않는다. 그러니까 고래회충이 인간에 기생할 수 있게 되기 위해서는 면역의태를 하지 않으면 안 된다.

담수어나 조개에 인간의 기생충이 많이 사는 것은 인간에 기생할 수 있는 확률이 높기 때문이다. 옛날 옛적 인간들은 참치를 먹지 않았다. 그래서 참치를 중간숙주로 하는 기생충이 인간에게 붙는 것은 있을 수 없는 일이었다. 어떤 진화생물학자에 따르면 매일 참치만 먹으면 앞으로 만 년 뒤에는 참치의 기생충이 진화하여 인간에게 들러붙을 수도 있다고 한다. 그러나 그러기 위해서는 단숨에 면역의태를 해야만 한다. 따라서 자연선택으로 서서히 적응적으로 되어 갔다는 식의 논리는 이 경우에도 별로 설득력이 없다.

자연선택설로 통상적인 의태가 매끄럽게 설명되는 건 사실이지만, 그렇지 않은 화학의태나 면역의태는 설명이 안 된다. 어쩌면 통상적인 의태 또한 단숨에 의태한 것일 가능성도 없지는 않다.

해마다 북상하여 죽는 물결부전나비는 어떻게 살아남는가
자연선택으로는 설명 불가능한 예를 몇 가지 더 들어 보자.

우선 물결부전나비라는 나비가 있다. 이 나비는 어느 정도 온도가 높지 않으면 겨울을 나지 못한다. 도쿄 주변에서는 보소반도〔房總半島 ; 지금의 지바현〕남부가 월동지로 유명하다. 월동한 물결부전나비는 먹이인 콩을 찾아 세대를 이어 가면서 쭉 북상해 간다.

봄부터 서서히 북상해 도쿄도에 오는 것은 7월에서 8월 무렵이다.

물결부전나비
매년 반복적으로 일부 개체가 북상해 자살
하는 불가사의한 행동을 한다.

예전에 나는 도내都內 아다치구足立區에 살고 있었는데, 정확히 여름 끝 무렵이 되면 뜰에 물결부전나비가 많이 찾아왔었던 기억이 있다. 홋카이도까지 북상하는 일은 드물지만 경우에 따라서는 하코다테〔函館 ; 홋카이도 남부의 도시〕부근까지 가는 일도 있다. 보통은 센다이仙台 부근까지 북상하지만 북상한 물결부전나비는 반드시 모두 절멸된다. 겨울이 되면 알이나 유충이 추워서 죽어 버리는 것이다. 죽지 않는 것은 보소반도에 있는 북상하지 않은 개체뿐이다.

북상한 개체는 유전자가 남지 않는데 왜 아무리 시간이 지나도 도태되지 않는가? 혹시 북상이라는 행동이 모종의 형태로 유전자에 의해 지배당하는 것이라면, 북상이라는 행태는 자연선택에 의해 도태되고 남쪽에 정착하는 개체만 남아야 할 듯한데 현실은 그렇지가 않다. 이와 같은 현상은 자연선택으로는 설명이 안 된다. 따라서 생물이 서서히 적응적으로 되어 간다는 것은 맞는 얘기가 아닐 수도 있다.

10억 년이 지나도 최적형에 도달하지 못한다

아주 최근에 요모 데쓰야四方哲也가 『잠들 수 있는 유전자 진화론』眠れる遺傳子進化論이라는 책을 냈다. 거기서 그는 이런 실험을 한다.

대장균이라는 세균이 인간의 배 속에 많이 존재하고 있다. 대장균은 대사를 위해서 다양한 효소를 만든다. 그 중에는 글루타민합성효소라는 것이 있는데, 그것은 물론 단백질이고 따라서 DNA가 지정한다.

그렇다는 것은 DNA가 글루타민합성효소를 만드는 유전암호를 갖고 있다는 얘기다.

이 유전자를 잡아끌어 내어 거기에 변이제變異劑를 가하여 무작위적인 돌연변이를 발생시킨다.

이렇게 무작위적으로 변이를 일으킨 글루타민합성효소 유전자를 대장균 안에 편입시켜 넣어 주면, 이 대장균은 원래의 야생형 글루타민합성효소가 아니라 돌연변이를 일으킨 글루타민합성효소를 만든다. 이것이 야생형에 비해 효소활성 면에서 얼마나 차이가 나는지를 조사해 보았다.

아마도 대장균이 지구에 살기 시작한 지 수억 년은 될 것이다. 대장균은 원핵생물이며 원핵생물의 기원은 적어도 30억 년 이상 전이니까 대장균 타입의 생물은 적어도 10억 년 정도는 살아왔을 터이다. 그동안 무작위적으로 변이가 일어나서 자연선택에 의해 진화해 왔다면, 필시 글루타민합성효소의 활성은 야생형이 가장 최고일 터이다. 10억 년이나 되는 기간 동안에 최적의 유형이 선택되어 있을 테니 말이다.

그런데 유전자에 변이를 일으켜 주면 상당히 많은 대장균의 효소활성은 확실히 야생형 효소활성보다 낮아지지만, 5분의 1 정도는 효소활성이 상승해 버린다. 그러니까 야생형이 꼭 최적자는 아닌 셈이다. 최적자가 살아남는다는 논리는 이 경우 거짓이 아닐 수 없다.

최적인 생물과 최적이 아닌 생물을 넣어 주는 경우에도 다양한 환경조건 속에서 생물끼리의 상호작용이 벌어진 결과, 반드시 최적자가 그렇지 않은 쪽을 완전히 멸종시킨다고는 할 수 없다는 사실이 실험적으로 증명되어 왔다. 자연선택은 생물들을 최종적으로 최적의 형질로 이끈다는 다윈의 사고방식conception이 아무래도 의심스럽다는 점을 실험

적으로 증명한 일례다.[1]

　이상이 내가 조사한 한에서 자연선택이 진화의 주요 요인이라는 것에 대한 반증으로 들 수 있는 몇 가지 사례다.

케언스 현상―"돌연변이는 우연이다"에 대한 반증

1970년대부터 유전자를 이리저리 조작함으로써 여러 가지 일을 해내는 유전공학 기술이 발달하여 DNA 조작 같은 일도 가능해졌다. 이에 수반되어 다양한 사실이 알려졌는데, 그 과정에서 "돌연변이는 우연이다"라는 신다윈주의의 첫번째 가정 또한 수상쩍다는 의심을 사게 되었다.

　가장 유명한 것은 케언스 현상이다. 이 현상을 처음 언급한 사람은 케언스-스미스A. Cairns-Smith라는 분자생물학자지만, 이를 처음으로 대단히 명료하게 증명한 사람은 샤피로R. Shapiro다. 샤피로는 1984년 논문에서 다음과 같은 실험을 했다.

　대장균은 여러 가지 기질基質을 먹고 산다. 예컨대 포도당을 주면 부쩍부쩍 늘어난다. 포도당 외에도 아라비노스[arabinose ; 침엽수 등에 있는 당의 일종], 락토스, 과당果糖, fructose 등의 기질을 줘도 살아갈 수 있다.

　아라비노스를 분해하려면 아라비노스 분해효소가 필요하다. 통상적으로 대장균들은 이 효소를 모두 가지고 있다. 락토스를 분해하는 락토스 분해효소도 모두 갖고 있다. 따라서 포도당을 주지 않아도 락토스

---

1) '최적자생존'(The Survival of the fittest)은 본래 스펜서(H. Spencer)의 용어로, 다윈은 『종의 기원』 5판(1869년)에서 '자연선택'을 '자연선택 또는 최적자생존'으로 고친 바 있다. 그런데 그 내용은 '최적자생존'이라기보다는 '적자생존'에 훨씬 더 가깝다. 그러므로 '자연선택이 생물을 최적의 형질로 이끄는' 사고방식을 다윈의 것으로 보는 것은 오류다. 다만 현대의 진화론자들 중 상당수가 최적자생존을 지지한다는 점에서 필자의 비판은 중요한 의의가 있다.―옮긴이

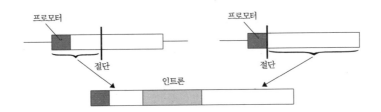

아라비노스 분해효소 유전자　　　　　　　　락토스 분해효소 유전자

프로모터　　　　　　　　　　　　　　프로모터

절단　　　　　　　절단

인트론

대장균의 유전자 조작
아라비노스와 락토스, 이렇게 두 가지의 분해효소 유전자를 위 그림처럼 인트론으로 연결하면, 양자 모두 기능을 멈춘다.

나 혹은 아라비노스만으로도 살아가는 데 지장은 없다.

유전자는 프로모터[promotor ; DNA 중 한 부분으로 '이제부터 유전정보를 읽기 시작하라'는 지령에 해당한다]와 본체 부분으로 나뉜다.

옆의 그림에서 보듯이 우선 아라비노스 분해효소 유전자를 프로모터가 포함되도록 적당한 지점에서 잘라낸 다음 거기에 인트론[DNA 중 단백질 합성에 대한 정보를 갖고 있지 않은 영역]을 붙인다. 그 다음에 프로모터가 없는 락토스 분해효소 유전자를 이어 붙인다.

요컨대 아라비노스 분해효소 유전자 중 일부분과, 완벽하지만 프로모터 부분이 없는 락토스 분해효소 유전자를 인공적으로 조작하여 인트론으로 이은 다음, 이를 넣은 대장균을 포도당 등을 포함한 별도의 배지培地에서 계속 증식시켜 간다.

그 다음에는 이 대장균을 취하여 아라비노스와 락토스밖에 없는 배지에 이식하면 이 대장균은 두 가지 기질을 분해하지 못하니까 기아상태에 빠진다. 그렇게 되면 이 대장균은 인트론을 잘라 내어 락토스 분해효소가 만들어질 수 있도록 바뀐다. 그럼으로써 락토스를 척척 분해하여 먹고 살아갈 수 있게 된다.

　통상적인 조건하에서라면 이러한 돌연변이는 우연히 발생한다. 포도당 같은 보통 배지에서는 일정한 시간 안에 50억 분의 1 정도의 확률로밖에는 일어나지 않는다. 50억 마리의 대장균이 있어도 그 중 하나 정도밖에는 이런 돌연변이가 발생하지 않는 것이다. 그런데 아라비노스와 락토스밖에 없는 배지 안에 들어가 기아상태에 처하게 되면, 확률적으로 2분의 1 이상의 균에 이 변이가 일어난다. 거의 생리적 반응처럼 일어나는 것이다.

　신다윈주의에서는 돌연변이를 우연이라고 해왔는데, 이 경우 돌연변이는 우연이 아니라 적응적으로 일어난다고밖에는 달리 생각할 수가 없다. 유전자를 인공적으로 손댔기 때문에 뭔가 이상해진 것 아니냐는 반론도 있었지만, 홀이라는 미국 학자가 대장균의 천연 포기株로부터 효소 활성이 없어져 버린 포기를 발견해서 그것을 가지고 실험을 해보았지만 역시 적응적인 돌연변이가 일어난다는 결과를 얻었다.

　예를 들어 락토스를 전혀 분해할 수 없게 되어 버린 대장균을 락토스만 있는 배지에 넣으면, 조금 시간이 흐른 후 락토스 분해효소를 활성화하는 돌연변이가 발생하여 문제없이 살아남는다. 이는 유전자 그 자체에 발생하는 변이이지, 유전자의 활성조절으로 인해 그리 된 게 아니다. 돌연변이는 우연이라는 이론에 대한 커다란 반증이다.

세포공생설과 미토콘드리아 DNA
진핵생물은 지금으로부터 10억 년쯤 전에 탄생했다. 진핵생물은 핵막이 있고 염색체를 갖고 있다. 마굴리스L. Margulis라는 사람은 진핵생물이라는 것이 본래는 독립 생물이었던 몇몇 원핵생물들이 공생한 결과가 아닐까라는 세포공생설을 제창했다. 처음에는 아무도 거들떠보지 않았지만, 최근에는 아무래도 세포공생설 쪽이 맞는 것 같다는 인식이 확산되면서 엽록체, 미토콘드리아, 핵 등은 본래 모두 다른 생물이었던 것 아닌가, 라고들 한다.

그게 맞다면 미토콘드리아는 본래 다른 생물이었으니까 자기 자신의 DNA를 갖고 있다. 자신의 DNA는 자신이 분열하는 데에는 연관이 되지만, 아무리 많이 변화한다 해도 세포의 생사에는 관계가 없다. 변화하든 하지 않든 세포의 형질이나 기능에는 관계없는 것이다.

따라서 미토콘드리아의 DNA에는 자연선택이 작동하지 않고 변화가 빨리 축적된다. 그러므로 근연近緣 생물 간의 계통관계를 조사하기에는 안성맞춤이다. 변화 자체는 우연이지만 확률적으로 보자면 계통이 나뉘고 나서 얼마 안 되는 것은 별로 변화가 없고 계통적으로 먼 것은 변화가 많이 일어났을 것으로 생각되기 때문이다.

이런 원리를 바탕으로 미토콘드리아 DNA를 사용하여 인종 간 계통관계를 조사한 사람이 있다. 조사해 본 결과 인류의 선조는 '미토콘드리아 이브'라는, 지금으로부터 20만 년쯤 전에 아프리카에 있던 한 여인에게로 수렴되었다고 한다.

재미있는 건 미토콘드리아의 DNA를 기준으로 보면 인종상으로는 그 인간과 전혀 다르지만 계통상으로는 대단히 가까운 사람이 나온다. 왜 그런 일이 생기는 걸까? 미토콘드리아의 DNA는 포유류에서는 모계로 유전되고 정자를 통해서는 전달되지 않는다. 형질은 미토콘드리아의 DNA와는 관계없고 핵의 DNA로 결정된다. 핵의 DNA는 부친과 모친으로부터 반씩 전해지기 때문에 시간이 흐를수록 점점 섞이게 된다. 예를 들어 아프리카인 모친과 일본인 부친 사이에서 태어난 아이는 혼혈로서 반#아프리카인이다.

그런데 미토콘드리아 DNA는 전부 모친으로부터 오기 때문에, 아프리카인 모친의 아이는 전부 아프리카인에서 유래하는 미토콘드리아 DNA를 갖는다. 부친은 관계가 없다. 혼혈 모친이 일본인과 결혼하여 4분의 1 혼혈이 태어나면 아프리카인의 핵 DNA는 확률적으로 4분의 1밖에 안 되지만, 미토콘드리아 DNA는 전부 아프리카인에서 유래하는 것이다.

그렇게 8분의 1, 16분의 1, 32분의 1, 64분의 1⋯⋯. 이런 식으로 계속 나아가면, 아프리카인에서 유래한 핵의 DNA는 거의 없어져 버릴 가능성이 있다. 따라서 이 경우 아프리카인의 형질은 거의 없어진다. 그러나 아프리카인과 나뉘고부터 10세대 정도밖에 지나지 않았다면 미토콘드리아 DNA는 거의 변화하지 않기 때문에, 거의 아프리카인과 같은 상태다.

이런 조사를 세계적 규모로 확장하면 어처구니없는 예가 나오게 된다. 형질은 일본인인데 모계가 실은 일본인이 아니었다는 케이스가 있을 수 있다. 어디서 분기했는지 알 수 있으므로 그것을 순차적으로 조사해 가면, 최종적으로 20만 년 전의 아프리카인과 맞닥뜨린다는 것이다.

그것이 인간의 선조라고 하는 건데 그것은 모계를 더듬어 갔을 뿐이므로, 부친은 어떻게 되는 건지 알 수 없다. 더욱이 형질과 관련된 얘기가 아니기 때문에 20만 년 전 아프리카의 미토콘드리아 이브가 그 당시 이미 현생 인류였다는 보증은 없다. 미토콘드리아 DNA가 결국 거기에 다다르는 건 맞지만 형질은 도중에 변했을 가능성이 있다. 화석을 보는 한에 있어서 현생 인류는 3만 년쯤 전에 크게 변했다고 판단되므로, 20만 년 전의 인간이 호모 사피엔스였다는 보증은 없다.

이 대목을 착각하고 있는 사람들이 있는 것 같다. 미토콘드리아 이브를 두고 20만 년 전에 현생 인류가 단일 계통에서 탄생했다는 증거니 뭐니 하며 떠들고 있는 자들이 그들인데 그것은 잘못이다. 그런 것을 염두에 두고 다음 이야기를 읽어 주시기 바란다.

형태종

미토콘드리아 DNA는 형形과는 어떤 관계도 없지만, 계통을 나타내는 데는 지금으로서는 상당히 많이 사용될 수 있지 않을까라고 여겨지고 있다. 미토콘드리아 DNA의 염기서열이 가까우면 분기된 연대가 가깝다. 그후 줄곧 교섭이 없었다면 미토콘드리아 DNA는 멋대로 변화하니까, 전혀 다른 미토콘드리아 DNA로 변해 버렸을 것이다. 역으로 분기한 뒤 시간이 얼마 지나지 않았다면 미토콘드리아 DNA는 별로 변하지 않았을 것이다.

오사카의 생명지연구관生命誌研究館의 오사와 쇼조大澤省三(나고야 대학 명예교수)는 미토콘드리아 DNA를 사용하여 왕딱정벌레Carabus dehaanii dehaanii의 계통수系統樹를 조사했다.

그러자 왕딱정벌레 아속亞屬이라는 계통은 실로 이상하다는 사실이 밝혀졌다. 일단 왕딱정벌레 아속은 형태적으로 보면 크게 네 종류로 나뉜다는 점에서 네 가지 형태종으로 분류할 수 있다고 한다.

침팬지와 인간은 유전자가 99퍼센트 같다 해도, 형태도 다르고 행동도 달라 다른 종이라고 되어 있다. 이런 관점을 철저히 적용해서 조사할 경우, 당신과 침팬지가 나와 당신보다 더 가까워지는 경우도 있을 수 있다. 그러나 '종'은 DNA로 결정되는 게 아니다. 역시나 형태와 감성이 같아야 종이다. 종을 정의한다는 것은 쉬운 일이 아니어서 다양한 정의

법이 있다. 그 중 한 가지는 스스로 자신과 같다고 생각하는 생물을 같은 종이라고 정의하는 것이다. 다시 말해서 서로 교미를 하는가 하지 않는가가 하나의 판단기준이 되는 것이다.

브리즈번Brisbane대학의 휴 패터슨도 종을 그런 식으로 정의한다. 소위 인지에 의한 종개념이다. 자신과 종이 같다고 여기면 교미를 한다. 요컨대 섹스는 하고 싶어지지 않으면 성립되지 않기 때문에, 하고 싶지 않으면 새끼는 생겨나지 않는다. 종은 서로 같은 종이라고 여기는 집단이다. 그러니까 같은 종이 아니라고 여기면 격리[생물 개체 사이에 교배가 일어나지 않는 현상]가 성립한다고 보는 것이다.

이런 문제와 관련하여 유명한 이야기가 있다. 겔라다개코원숭이와 아누비스개코원숭이라는 두 종의 원숭이는 에티오피아에 살고 있는데, 속이 다를 정도로 형태가 크게 다르고 문화도 전혀 달라서 상대를 별종이라 여기기 때문에 보통은 교미하지 않는다.

그런데 몇 가지 영향으로 인해 이 두 종의 암컷과 수컷 사이에서 성충동이 강해져 섹스를 하여 새끼가 생기는 경우가 있다. 야생 상태에서도 혼혈이 생겨나는 것이다. 혹은 흰코게논원숭이와 블루몽키 간의 혼혈아는 새끼를 낳을 수 있다고 한다. 통상적인 종 개념(생물학적 종개념)으로 보자면 이는 같은 종에 해당한다. 그러니까 '종'이 무엇인지에 관해 정확히 따지는 건 꽤 어려운 얘기다.

네 가지 형태종밖에 출현하지 않는다

왕딱정벌레 이속에는 네 가지 형태종이 있다. 형태종이 진정한 종인지 아닌지는 종이란 뭔가라는 정의하기 어려운 문제가 개재되니까 일단 차치하기로 하자. 어쨌든 그 네 가지는 왕딱정벌레, 야콘딱정벌레, 작은딱정벌레, 푸른딱정벌레이며 각각의 내부에 또 많은 아종이 있다.

일본 전체를 통틀어서 이들의 분기도를 만들어 보았다. 만일 형태에 바탕을 둔 지금까지의 계통분류가 옳다고 한다면, 처음에 왕딱정벌레, 야콘딱정벌레, 작은딱정벌레, 푸른딱정벌레 등 네 가지 정도로 나누어지고, 그들 아종이 또한 많이 나누어져 가는 그런 계통수가 되어야 옳을 터이다. 그런데 실제로 조사해 보았더니 전혀 다른 결과가 나왔다.

예컨대 고치高知현의 왕딱정벌레와 작은딱정벌레는 아주 최근에 분기된 것으로 판명되었다. 미토콘드리아 DNA의 염기서열이 거의 같다는 것이다. 와카야마和歌山현의 왕딱정벌레와 미에三重현의 야콘딱정벌레도 극히 최근에 분기했다. 같은 방식을 적용해 보면 와카야마현의 왕딱정벌레와 고치현의 왕딱정벌레는 같은 왕딱정벌레지만 계통상으로는 아주 멀어진다.

결국 형태를 조사하는 것만으로는 계통을 알 수 없다는 것이 사실이다. 계통과 형태는 관계가 없는 것이다.

이것이 진화론적으로 보아 어떤 의미를 갖는가 생각해 보자.

형形을 만드는 유전자에 돌연변이가 일어나 적응적으로 서서히 진화해 갔다면, 상당히 오래전에 분기하여 독립적으로 진화한 것은 다른 형이 되어 있을 터이다.

또한 돌연변이가 우연이라면 전적으로 같은 형태가 다수 출현하는 일은 있을 수 없다. 그런데 고치에서도, 와카야마에서도, 그리고 또 다른 어디에서도 완전히 독립적으로 왕딱정벌레라는 형태종이 생겨났다. 그러니까 돌연변이가 우연히 일어나 형이 결정된다는 논리가 이상하다는 것이다.

형을 결정짓는 핵 DNA가 있었다고 할 때, 그 DNA의 돌연변이는 우연이 아닐 가능성 쪽이 오히려 큰 것 아닐까? 이 경우를 예로 들면 핵 DNA가 아무리 심한 돌연변이를 일으킨다 해도 어떤 룰이나 구속성이 있어서 이 네 가지 타입 이외의 돌연변이는 일어나지 않도록 구속되어 있다고 생각해 볼 수 있는 것이다.

다른 돌연변이는 전부 죽든가 변형되어서, 이 네 가지 패턴의 형태로 되는 것만 살아남는 것일지도 모른다. 아니면 이 네 가지 이외의 변이는 불안정해서 최종적으로는 전부 이 네 가지 패턴 중의 어느 하나로 되는 것일 수도 있다. 핵 DNA의 염기서열의 돌연변이는 틀림없이 단순한 우연만은 아닐 것이다.

두 편의 논문

이와 유사한 예는 그 밖에도 꽤 많다.

남미에 있는 헬리코니우스 독나비Heliconius melpomene에게는 레이스라는, 지역적인 얼룩무늬 패턴이 있다. 그런데 미토콘드리아 DNA를 조사해 보면 얼룩무늬가 전적으로 같은 나방임에도 계통은 아주 멀다든가, 얼룩무늬가 전혀 다른데도 계통은 대단히 가까운 경우가 있다. 그러니까 여기서도 곤충의 형과 계통은 관계가 없다. 그러나 그리 되면 지금까지의 진화론이 무척이나 위태로워지기 때문에 주류인 신다윈주의를 배반하는 이러한 이야기는 좀체로 일류 잡지에 게재되지 않는다.

또 한 가지, 마이마이카부리蝸牛被, Damaster blaptoides라는 벌레가 있다. 이것은 달팽이를 먹고 사는데 머리를 처박고 있을 때의 모습이 달팽이를 뒤집어쓰고 있는 것처럼 보여서 그런 이름이 붙었다. 〔일본어에서 '마이마이' 는 '달팽이', '카부리' 는 '뒤집어쓰다' 라는 뜻이다.〕

이 마이마이카부리는 홋카이도에서 규슈까지 분포해 있으며 지역마다 형태가 다르지만 마이마이카부리의 형태와 미토콘드리아 DNA의 분석결과는 완전히 일치한다.

결국 마이마이카부리는 형태가 다른 만큼 계통도 비례해서 다르다. 따라서 현재의 패러다임을 배반하지 않는다. 물론 이런 예도 있다. 그러나 그렇다고 해서 이러한 주류 패러다임이 옳다는 걸 의미하지는 않는다. 반증례를 설명할 수 없으면 이론은 정당화될 수 없다.

이상이 '돌연변이는 우연이다' 라는 신다윈주의의 제2의 큰 틀과 관련하여 최근의 다양한 분자생물학적 데이터로부터 나온 반증이다.

진화는 DNA에 발생하는 변화로부터 시작된다는 설에 대한 반증

신다윈주의의 세번째 근본 도식은 DNA에 돌연변이가 일어나지 않으면 진화는 시작되지 않는다는 생각이다.

유전자에 일어난 돌연변이가 돌고 돌아 표현형을 변화시키고 그에 대해 자연선택이 작동하여 그 변이유전자를 갖는 개체가 산다든가 죽는다든가 한다. 변이유전자가 적응적일 경우, 그것은 집단 안에서 증가하여 진화가 일어난다고 신다윈주의는 주장한다. 처음에 유전자에 변화가 생기지 않으면 아무 일도 시작되지 않는다는 생각이다.

그런데 아무래도 그렇지 않다는 것이 1970년대부터 시작된 유전공학 분야의 실험에 의해 어지간히 밝혀져 왔다. 유전공학이 없었던 시절, DNA의 돌연변이는 자연스럽게 일어나는 것 말고는 방사선이나 자외선을 쬔다든가, 발암물질을 주입한다든가 해서 일으켰는데, 어떤 돌연변이를 일으킬까는 인공적으로 컨트롤할 수 없었다.

돌연변이에는 치명적인 것도 있고 죽는 것까지는 아니더라도 어쨌거나 좋지 않은 경우가 대부분이다. 물론 좋은 돌연변이도 있지만 그것은 드문 우연일 테니, 적응적인 수많은 돌연변이가 자연선택되어 개체군에 정착하기까지는 여하튼 긴 시간이 걸린다고 여겨져 왔다. 실험적으로 진화를 일으키는 건 불가능했으므로, 예전에는 박테리아였던 것이 오랜 시간에 걸쳐 돌연변이가 반복됨으로써 최종적으로 인간이 되었다는 이야기가 신봉되어 왔다.

그런데 이런 문제를 인공적으로 실험해 볼 수 없을까 생각한 사람들이 있었고 그것이 바로 유전공학의 발상이다. 그 뒤 다양한 기술이 발달하였고 그 덕분에 유전자를 끼워 넣을 수도 있고 잘라낼 수도 있게 되었다. 단순하게 말하자면 DNA를 잘라 붙여 조작할 수 있게 된 것이다.

처음에는 DNA를 재조합하면 어처구니없는 생물이 생겨 곤란해질 수 있다고 생각했다. 예컨대 대장균이 맹독성 균으로 변한다든가 살인 바이러스가 생긴다든가 할 거라는 얘기였다. 그래서 P4시설[2]이라는 대단히 엄중한 시설을 만들어 그 속에서만 유전자재조합 실험을 할 수 있게 되었지만, 다행인지 불행인지 이상한 생물은 나오지 않았다.

대장균은 뭘 어떻게 해도 대장균이며, 초파리는 뭘 어떻게 해도 초파리다. DNA를 아무리 주물러 대도 초파리의 자식은 초파리 이외의 다른 것이 되지는 않는다. 나오는 것은 모두 기형 초파리와 이상한 대장균이다.

그렇게 되자 초파리는 과연 어떻게 생긴 것이며, 또 초파리 이외의 것은 어떻게 해서 생겨나는지를 이해할 수 없게 되어 버렸다. 처음에는 위험하다고들 하던 유전자재조합 기술이 경험적으로 조금도 위험하지 않다는 사실이 밝혀지고, 최근에는 유전자재조합 기술도 굉장한 수준의

---

2) P4시설의 P는 Physical containment의 약자로 세균이나 바이러스 등의 병원체를 취급하는 실험실의 등급이다. —옮긴이

것을 하지 않는 한 학생들도 실험할 수 있을 정도로 기준이 완화되었다.

예전에는 학생실험으로는 허가되지도 않았고, 하려면 이중문이 달린 곳에 소독을 하고 들어가, 정말이지 엄중한 분위기 속에서 하던 그런 실험들을 지금은 학생실험으로 하고 있다. 하지만 유전공학에 의한 조작으로는 별종의 생물 따위가 출현하지 않으며 그럴 기미도 보이지 않는다.

초파리의 눈과 인간의 눈

DNA가 변해도 형은 근본적으로 변하지 않는다는 사실은 점차 분명해졌지만, 그것이 결정적으로 확실해진 것은 최근 10년 전쯤부터 발생유전학이라는 분야가 발달하여, 형을 결정하는 유전자가 여기저기서 포착되고부터다. 호메오박스 유전자라는, 형태를 결정하는 유명한 유전자가 있다. 호메오박스라는 DNA의 염기서열을 공유하고 있는 유전자는 전부 호메오박스 유전자라 부른다. 그런데 형을 결정하는 유전자는 호메오박스 유전자만이 아니라 다른 것도 있다.

예를 들면 동물의 눈을 만드는 유전자는 호메오박스 유전자가 아니다. 그것은 호메오박스와 마찬가지로 상당히 긴 DNA 서열을 공유하고 있는 유전자군으로 Pax〔'Paired box'의 준말〕유전자군이라 명명되어 있다. Pax1, Pax2, Pax3 등 여러 가지가 있는데, 그 중 Pax6이라는 유전자는 Pax6이라는 단백질을 지정하는 유전자로서 눈의 형태형성에 관여하는 유전자로 보인다.

쥐 중에 '스몰아이'라고 눈이 작아져 버리는 계통이 있다. 이것을 조사해 보면 Pax6 유전자가 관계되어 있다는 사실이 밝혀졌다. 인간에게는 무홍채증이라는 눈 유전병이 있다. 이에 관여하는 유전자도 Pax6

유전자라고 한다. 스몰아이도, 무홍채증도 모두 눈의 이상이다.

초파리 중에는 '아이리스'eyeless라고 해서 눈이 없어져 버리는 변이가 있다. 이 변이를 조사한 결과 아이리스 유전자가 발견되었다. 아이리스 유전자는 눈에 이상을 일으키는 유전자이긴 하지만, 정상적인 아이리스 유전자는 눈을 만드는 유전자이기도 하다. 눈을 만드는 유전자가 정상적으로 작동하지 않으니까 눈이 없어지는 것이다. 그러나 처음에 '아이리스(눈이 없다)'라고 유전자의 이름을 붙였기 때문에, 눈을 만드는 유전자도 모두 아이리스라고 부르고 있다(단어의 뜻을 곧이곧대로 받아들이면, 아이리스의 정상유전자는 눈을 만들지 않는 유전자이고, 이상유전자가 눈을 만드는 유전자라고 생각되겠지만, 실은 아이리스 유전자가 눈을 만든다).

Pax6 유전자와 아이리스 유전자의 염기서열을 비교해 본 사람이 있다.

한쪽은 초파리의 눈을 만드는 유전자고 다른 한쪽은 포유류의 눈을 만드는 유전자였는데, 놀라지 마시라, 두 유전자를 비교해 보니 동일했다는 사실.

단백질 차원에서 보면 Pax6은 838개의 아미노산 잔기殘基[3]로 이루어져 있다. 세 가지 염기로 하나의 아미노산을 지정하기 때문에, 지정하고 있는 부분은 838개의 세 배인 2,500개 정도의 염기서열이 된다. 아미노산 잔기로 보면 인간과 초파리는 838개 중 33개밖에 다르지 않다. 4퍼센트 정도의 차이만 있고 거의 같다는 얘기다.

---

3) '잔기'란 합성물질의 화학 구조에 있어서 생성된 화학결합 구조 이외의 부분 구조를 지칭한다. 따라서 고분자의 구조는 화학결합 부분과 잔기 부분으로 구성된다. 폴리펩티드나 단백질의 경우는 아미노산으로 합성되기 때문에, 통상 잔기라고 하면 폴리펩티드의 아미드 결합 이외의 아미노산 구조를 의미한다. —옮긴이

그러니까 Pax6 유전자와 아이리스 유전자는 실은 상동相同, Homology 유전자다. 무엇이 상동이냐의 문제도 어려운 문제인데, 상동과 상사相似, Analogy 이야기는 후술하기로 하자. 어쨌든 같은 유전자가 한쪽에서는 초파리의 눈을 만들고 다른 한쪽에서는 인간의 눈을 만든다.

인간의 눈과 초파리의 눈은 전혀 다르다. 초파리의 눈은 복안複眼으로, 초파리는 매우 많은 눈을 가지고 있다. 인간의 눈은 렌즈안眼으로 커다란 유리 같은 것이 한 장 있고 그 안쪽으로 망막이 있다. 인간의 눈은 문어나 오징어 눈과 닮았다. 눈은 많은 동물들이 가지고 있지만 계통적으로 보면 인간의 눈과 초파리의 눈은 독립적으로 생겨난 것임에 틀림없다.

상사와 상동

현재 가장 일반적으로 알려져 있는 신헤켈파Neo-Haeckelism의 분기도가 올바르다고 한다면, 인간과 초파리는 강장동물에서 갈라지는데 한쪽은 절지동물로 가고 다른 한쪽은 척추동물로 갔다. 인간 쪽으로 가는 도상에는 예컨대 극피동물(성게, 불가사리)이나 모악毛顎동물(화살벌레), 원색原索동물(우렁쉥이, 창고기) 등의 분류군(문門)이 있고 마지막에는 척추동물이 온다. 척추동물은 모두 눈을 갖고 있는데, 그러니까 척추동물이 아닌 성게에게는 눈이 없다.

절지동물도 강장동물로부터 갈라져 나오는데, 처음에는 촌충 같은 편형동물이 생긴다. 물론 강장동물에게는 눈이 없다. 촌백충에게도 눈이 없다. 한동안 따라가다 보면 환형동물, 즉 지렁이 같은 생물들이 생긴다. 지렁이에게도 눈이 없다. 점점 지나가서 연체동물이 되면 문어, 오징어 등 눈이 있는 생물들이 있다. 그 위로 올라가면 가재 등 절지동물이

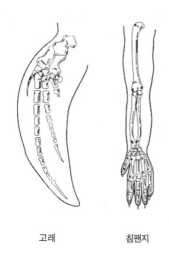

고래   침팬지

상동기관
고래의 지느러미와 침팬지의 손은 고전적인
상동기관의 사례이다.

나오고 눈이 생긴다. 그러니까 절지동물의 눈과 인간의 눈은 독립적으로 생겨났고 계통적으로는 관계가 없다. 원래 같은 눈을 갖고 있던 하나의 계통에서 갈라져 나온 게 아니라고 간주되고 있었던 것이다.

그런 것을 형태학 용어로 상사라고 한다. 그 반대개념은 상동이다. 상동의 예는 고래의 지느러미와 인간의 손 같은 것인데, 본래는 척추동물 포유류의 앞다리前肢였다. 그것이 인간에게서는 손이 되고 고래에서는 지느러미가 되었다. 그러므로 기능적으로는 전혀 다르게 보여도 상동기관이다. 계통적으로 완전히 같은 기관으로부터 분화되어 생겼기 때문이다. 그런데 예컨대 나비의 날개와 새의 날개는 완전히 독립적으로 생겼으므로 상사다.

그런 식으로 말하면 인간의 눈과 곤충의 눈, 혹은 인간의 눈과 문어의 눈은 비록 닮아 보이지만 실은 상사기관이다. 이들은 상호독립적으로 생겨난 것으로 판단된다. 전혀 관계없이 생겨났다고 보아도 좋다. 그런데 인간의 눈을 만드는 유전자와 곤충의 눈을 만드는 유전자가 실은 같다는 것이다. 정말로 흥미진진한 문제다.

그런데 아미노산 잔기가 33개 다르지 않느냐고 말하는 사람도 있으므로, 척추동물의 눈을 만드는 유전자를 초파리에 이식하여 강제적으로 눈을 만들게 해보았다. 초파리는 희한한 놈이어서 머리 이외의 곳에도 눈을 만드는 능력이 있다.

그런데 여기서 잠깐, DNA 자체의 상동과 상사에 대해 생각해 보면 다소 재미있는 문제가 생긴다. 본래적으로 말하면 원래 동일한 유전자가 분기를 거친 다음 독립적으로 변화한 것은 상동이고, 원래 다른 유전자가 독립적으로 변화하여 동일한 DNA가 되었다면 상사다. 그러나 DNA는 물질이니까 같은 것은 같고 다른 것은 다르다. DNA에 상동개념을 도입하는 것은 그러므로 형태에 적용하는 것과는 조금 성격이 다른 어려움이 있다.

왜 포유류의 눈은 둘 이상이 될 수 없는가?

인간은 태아일 때 뇌신경의 일부가 뻗어 나와 피부에 닿아 안배〔眼杯, opic cup ; 눈의 발생 초기에 간뇌의 일부가 돌출해 생기는 좌우 한쌍의 술잔 모양 조직〕가 생기고 눈이 생겨난다. 그 신경이 한 개만 뻗으면 눈이 하나가 되어 버린다. 전혀 뻗지 않으면 눈이 생기지 않는다. 그러니까 발생 도중에 어떤 경향성이 생겨서 초기발생이 잘 진행되지 않으면 눈이 정상적으로 생기지 않는 경우가 있다. 원폭으로 사산死産된 외눈박이 아이의 표본이 있는데, 그 아이도 이처럼 눈의 초기발생에 문제가 생겼던 것이다.

피부가 안배를 받아들이는 시기는 정해져 있으며 그때가 아니면 눈이 생기지 않는다. 그러므로 인간은 다른 부분에 눈을 만들려고 해도 잘 되지 않는다. 그러나 미세조정은 가능하다. 안배가 조금 옆으로 어긋나 있으면 조금 기울어진 눈이 생기고, 중앙으로 몰려 있으면 중앙으로 몰린 눈이 생긴다. 그렇기 때문에 양 눈이 서로 떨어져 있는 사람도 있고 가까이 붙어 있는 사람도 있는 것이다. 그러나 대체적인 위치는 정해져 있다.

인간의 눈이 앞쪽에 생긴다는 것은 적응적으로 두 가지 의미를 가진다.

하나는 물론 뒤가 보이지 않는다는 것. 그러나 그 대신 인간은 입체시立體視가 가능하게 되었다. 오른쪽눈의 시야와 왼쪽눈의 시야는 조금 어긋나 있다. 그것을 반교차半交差하여 오른쪽눈, 왼쪽눈의 정보를 각각 우뇌와 좌뇌 양쪽으로 가지고 간다. 두 가지 정보를 좌우 각각의 뇌에서 해독한다.

그런데 토끼는 눈이 옆으로 붙어 있다. 나는 토끼를 잡으려고 대단히 고생한 일이 있는데 좀체로 잡을 수 없었다. 왜 그런고 하니 뒤에서 다가가도 뒤까지 전부 보기 때문이다. 토끼는 한쪽 눈의 시야가 180°를 넘기 때문에 전방위 360°를 볼 수 있다. 그 대신 겹치는 부분이 거의 없기 때문에 입체시는 불가능하다. 그래서 왼눈의 정보는 우뇌로, 오른눈의 정보는 좌뇌로 전교차全交差한다.

그러면 눈은 왜 네 개, 다섯 개로 될 수 없을까? 많이 있으면 시야는 360°가 되고 입체시도 가능해진다. 그러나 포유류의 눈은 어쩐 일인지 둘밖에 생겨나지 못하도록 구속되어 있다. 이는 구조주의생물학과 관계가 있는데, 모종의 구속성이 있어서 그로부터 벗어나면 진화할 수 없기 때문에 포유류의 눈은 둘 이상이 생겨날 수 없다고 밖에는 생각할 수 없다. 다윈의 진화론에는 이런 식의 이야기가 전혀 없다.

이와 다르게 초파리는 다리나 더듬이에 강제적으로 눈을 만들 수 있다.

쥐의 Pax6 유전자를 초파리에 도입하여 강제발현시키면 정확하게

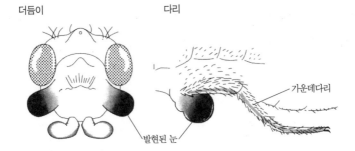

유전자 도입에 의한 초파리 눈의 강제발현
쥐의 Pax6 유전자를 도입하여 초파리의 더듬이와 다리에 강제로 눈을 생겨나게 하면 그 눈은 초파리의 겹눈이 된다.

초파리의 눈이 생긴다. 쥐의 Pax6 유전자는 본래는 쥐의 눈을 만드는 것일 터인데, 초파리의 다리나 더듬이에서는 초파리의 눈을 만들고 마는 것이다.

또 하나의 진화론

진화란 단순하게는 생물의 형이 변하는 것이라고 우리는 이해해 왔다. 신다윈주의의 논리에 따르면 진화란 DNA에 변화가 생겨 그것이 서서히 축적되어 형이 서서히 변해 가다가 최종적으로는 형이 크게 변하는 것이다.

그러니까 진화를 위해서는 DNA가 변하는 것이 전제다. 그런데 눈의 진화 이야기에서는 DNA가 변하지 않는데 형태가 변해 버린다. 이것은 신다윈주의의 논리와는 정반대되는 문제가 최근에 발생했음을 의미한다. DNA가 변하지 않는데 왜 생물의 형이 변하는가?

Pax6 유전자 연구를 통해 DNA가 변하지 않아도 형은 점점 변한다는 사실이 드러나면서, 신다윈주의의 근본적인 도식은 대단히 위태롭게 되었다. 논리정합적인 이론을 만들기 위해서는 근본적으로 다른 논리를 생각할 필요가 있다. 신다윈주의와는 다른 대안적 진화론을 만들 필요가 있다.

그런 시도 중의 하나가 구조주의진화론이다. 우리 말고도 다양한 방식으로 진화론을 생각하는 사람들이 있지만, 우리가 생각하는 것은 DNA 지상주의적인 진화론과는 다른 진화론을 만들려는 것이다.

1장_ '진화론'의 역사—다윈주의 이전

1. 플라톤과 아리스토텔레스

18세기에 이르러서야 태어난 '진화' 개념

생물은 진화하고 사회도 계속 변화한다. '진화'는 현대인에게 너무나 당연한 개념이 되었다.

그러나 '진보'나 '진화'라는 개념이 등장한 것은 18~19세기 무렵이었다. 그런 개념들은 산업혁명에 의한 사회 변화와 관계가 있다. 프랑스 혁명이 일어나기 전, 구체제 시절에 세계는 거의 모두 반복이었다.

봄이 오고 여름이 오고 가을이 오고 겨울이 오고 또 봄이 온다. 시간의 흐름은 동일하며 인간 또한 반복이다. 태어나 어른이 되어 죽고 또 태어난다. 도구들도 거의 진보하지 않으니까 중세까지 인간은 기본적으로는 자기 부모와 완전히 똑같은 삶을 살았다. 『중세 어린이들의 생활』 *Children's Literature in the Middle Ages*이라는 책에 따르면 중세라는 시대는 거의 반복이었고, 진보라든가 진화라는 개념이 생겨날 여지가 없었다.

그러던 것이 18세기가 되자 처음으로 인간은 사회는 진보한다고 하는 것을 자신의 감성으로서 이해했다. 물론 고대 희랍 시대와 12세기는 달랐을 터이다. 그러나 그 변화는 너무나도 느려 터져서 50년 정도의 생애를 살다 가는 인간의 입장에서는 거의 아무것도 변하지 않는다는 감각이 자연스러웠던 것이다.

계절은 변하고 또 반복된다. 변화하는 것은 사이클뿐이었다. 이는 극히 생태학적인 생활이다. 나는 요즘 봉건시대가 극히 생태적이었다는 책을 쓰고 있다. '진화론'은 18세기가 되어서야 비로소 태어난 사고방식이다.

그러니까 옛날 사람들이 생물을 보고 가장 의문스러웠던 것은 생물은 왜 진화할까라는 것이 아니라, 왜 이토록 많은 종류의 생물들이 있는가라는 문제였다.

지금도 세계에는 생물의 종류가 몇 가지나 되는지 제대로 알려져 있지 않다. 일설에 따르면 곤충만 해도 3천만 종이라고 한다. 보통은 전 생물을 아울러서 2천만 종은 있지 않을까, 라고들 하는데, 그 중 기재되어 있는 것은 많이 잡아 줘도 200만~300만 종일 테니, 9할 이상은 미기재종인 것이다. 곤충만 해도 120만 종 정도밖에 기재되어 있지 않다.

열대강우림 중 수관樹冠이 덮개처럼 빈틈없이 덮여 있는 지역에는 갖가지 작은 곤충들이 많이 있는데, 거의 이름이 붙여지지 않은 상태다. 오늘날 열대우림이 점점 파괴되고 있으니 필시 이름을 알기도 전에 절멸되고 마는 곤충도 많을 것이다.

나는 베트남이나 타이에 하늘소를 채집하러 가곤 하는데, 1~2센티미터나 되는 커다란(?) 하늘소 중에도 미기재종이 많이 있다. 4~5년전에 오스트레일리아의 케언스Cairns에서 6센티미터 정도 되는 커다란 하늘소를 채집한 일이 있는데, 그게 바로 신종이어서 놀란 일도 있다. 알고 있지 못한 것 쪽이 실은 많은 것이다.

플라톤의 '이데아'

옛날 사람들은 종이 변화할 거라고는 생각도 못했지만, 왜 종이 저리도 많은지에 대해서는 흥미가 있었다.

과학은 아리스토텔레스로부터 비롯된다고 하는데 아리스토텔레스의 선생은 플라톤이고 플라톤의 선생은 소크라테스로, 이 세 사람의 사제관계는 세계에서 가장 잘 알려져 있지 않을까 싶다. 플라톤과 아리스토텔레스는 모든 의미에서 정반대의 사람이었다. 그 두 사람이 생물의 다양성을 어떤 식으로 해석했느냐, 바로 이것이 내게 흥미로운 문제다.

플라톤은 실로 다양한 문제에 대해 이야기를 했다. 자연철학자로서의 플라톤은 그다지 많은 책을 남기지 않았다. 『티마이오스』*Timaios*라는 우주론 책도 썼지만, 그래도 가장 유명한 것은 이데아론일 것이다. 이데아론을 생물학적으로 보면 생물의 다양성을 설명해 보려 한 이론의 하나라고도 읽을 수 있다.

왜 고양이는 고양이인가 하면 고양이의 '이데아'가 씌어 있어서라고 생각한다. 이는 대단히 단순명쾌한 사고다. 개는 왜 개인가. 개의 '이데아'가 씌어 있기 때문이다. 세계에 1,000종의 생물이 있다면 1,000종의 '이데아'가 있어서 그것이 씌면 그 생물이 되고, 그 생물로부터 이데아가 떨어져 나가면 죽어 버린다. 참으로 심플한 이야기다.

개는 왜 태어나는가. 개의 이데아가 들러붙어 개가 되기 때문이다. 이데아라는 것은 형상을 말하는 것으로, 형태를 결정하는 내재적인 힘이 상정되어 있으므로 개라는 형상을 향해 나아간다. 최종적으로 완성형의 이데아가 생긴다. 그러나 이데아가 떨어져 나가면 형상이 없어져 버리기 때문에 생물은 썩고 형태는 없어져 버린다. 이것은 대단히 논리 정합적이다.

이데아는 대상으로부터 자유로이 떨어질 수도 있고 대상에 들러붙을 수도 있다. 이데아 그 자체는 눈에 보이지 않지만 실재한다. 이데아는 불변이며 대상과는 독립적으로 이 세계에 자존自存한다. 이데아가 들러붙어서 개가 태어나고 이데아가 떨어져 나가 개가 죽는 것이라면, 이데아는 영혼이기도 하다. 플라톤의 영혼불멸설 자체가 바로 이러한 형태를 취하고 있다.

영구불변과 만물유전

이러한 이데아론은 실로 탄탄한 힘을 가지고 있다. 최근 DNA에 관한 다양한 논조들을 보면, 사람들은 DNA를 '이데아'라고 생각하고 있지 않나 생각될 정도다.

예를 들면 최근 『아사히신문』에 어느 아주머니가 "내가 죽어도 내 유전자가 손자에게 깃들어 이 세계에 영원히 살아남으니까 매우 다행스럽다"라는 글을 기고했다. 내가 죽어도 내 영혼은 불멸이라는 영혼불멸설과 거의 같다. 영혼이 불멸이듯이 DNA가 자식에게 전해지고 손자손녀에게 전해져서 영원히 인계되어 간다고 믿는 것이다. 거의 플라톤의 이데아론과 같다. 인간의 사고라는 것은 조금도 진보하지 않는 것인가 싶어지는 대목이다.

유명한 수학자이자 철학자인 화이트헤드A. Whitehead는 『과정과 실재』Process and Reality의 앞 부분에서 서양철학은 모두 플라톤의 각주라고 할 수 있다고 쓴 바 있다. 불변의 동일성을 가정하고 세계를 해석하려고 하는 것은 서구의 철학이나 과학의 전통인 것이다.

"법칙은 불변이고 영원히 변하지 않는다"는 사고방식도 그런 전통의 하나다. 예컨대 '만유인력 법칙'은 언제 어디서나 성립한다는 사고방식이다. 세상 만물은 바로 오늘까지는 아래로 떨어졌지만, 내일 갑자기 이 법칙이 성립하지 않게 되어 버리면 아래로 떨어지지 않을 수도 있지 않을까라는 식의 생각을 과학은 하지 않는다.

혹은 최종적으로 이 세계에는 어떤 불변의 실체가 있다고 생각한다. 예컨대 이 세계는 '초끈' super string이라는 최종 실체로 환원된다는 초끈이론까지도 플라톤의 이데아론과 조금은 닮은 것이다.

동양철학은 그러한 형을 추구하지 않고 '세상은 무상하다'고 생각한다. 나도 그렇게 생각한다. 내가 믿고 있는 것은 단 하나, '세계는 무상하다'는 것뿐이라고 하면 학생들은 모두 웃는다. 플라톤보다 훨씬 이전의 그리스 철학자 헤라클레이토스는 "만물은 유전流轉한다"고 말했는데, 다른 건 몰라도 그 말만은 올바른 언명임에 틀림없다.

그러나 인간은 그렇게 흘러가며 변화하는 현상 속에서 모종의 동일성을 발견하고자 한다. 그것은 언어와도 깊은 관계가 있다. 언어란 모종의 동일성으로 세계를 절취하는 것이다. 이런 생각과 행위를 계속 밀고 나가다 보면 종국에는 동일성은 절대불변이자 최종적인 근거라는 이야기가 되지 않을 수 없다.

플라톤의 이데아론이란 바로 그런 것으로, 그렇게 되면 종은 모두 불변이다. 예를 들면 개의 이데아가 있는 한, 개는 영원히 개 그대로다. 거기에 '진화'라는 생각은 일체 없다. 그러니까 다양성을 설명할 때 진화라든가 변천, 변전變轉이라는 것을 전혀 생각지 않는 것이 플라톤의 이데아론이다.

이는 어떤 종種의 인간에게는 잘 들어맞는다. 기독교의 세계관은 종에 관해서는 플라톤주의다. 종은 신이 지은 것이며 종 그 자체는 불변이니까.

아리스토텔레스의 '4원인설'

아리스토텔레스는 플라톤의 제자였지만 생물에 대단한 흥미를 갖고 있었다. 플라톤이 관찰한 것은 인간이나 고양이, 개처럼 죽으면 부패하여 형태가 사라져 버리는 생물이었다.

아리스토텔레스는 다양한 생물들을 알고 있었다. 그 중에는 죽어도 형태가 변하지 않는 것도 있었을 것이다. 예컨대 성게나 곤충류 등은 형태가 남아 표본을 만들 수가 있다. 그래서 죽으면 이데아가 빠져나가 형상이 없어진다느니 뭐니 하는 건 좀 이상하지 않나 생각했다.

바로 이런 점을 보고 아리스토텔레스는 플라톤이 말하는 '이데아'가 생물과 독립적으로 존재하고 생물에게 들러붙는다든가 떨어진다든가 함으로써 생물이 태어나기도 하고 죽기도 한다는 사고는 우습다고 느꼈다. 그 이외의 사고방식으로 어떻게든 생물의 다양성을 설명해 봐야겠다고 생각했다. 그러나 이것은 대단히 힘든 일이었다.

아리스토텔레스는 '이데아'를 인정은 했지만, 그것이 생물이나 사물을 떠나 독립적으로 존재한다고는 생각지 않았다. 고양이에게는 고양이의 이데아, 인간에게는 인간의 이데아가 있고, 그것이 우리에게 들러붙어 있다고 생각하면, 이데아가 계속 붙어 있기만 하면 형상 또한 줄곧 변치 않을 터이다. 결국 책상에는 책상의 이데아가 씌워져 있는 것이라면, 그 이데아의 이상형이 그대로 변치 않아야 한다.

그런데 실제로는 생물이 발생하기도 하고 죽기도 하며 형태가 변하기도 하기 때문에 아리스토텔레스는 대단히 곤란했던 것 같다. 그 결과 나온 것이 아리스토텔레스의 '4원인설'이다. 우선 이 세계를 형성하고 있는 원인은 네 가지라고 상정한다. 재료를 결정하는 질료인, 형태를 결정하는 형상인, 목적을 정하는 목적인, 기동起動시키는 운동인, 이 네 가지가 4원인이다. 이들을 적당히 조합함으로써 생물의 발생과 죽음 등을 사고하려 한 것이다.

아리스토텔레스의 책은 재미있지만 모순되는 면도 있고 무슨 내용을 쓴 건지 잘 모르겠는 대목도 많이 나온다. 확실히 플라톤만큼 논리정합적이지는 못하다. 아리스토텔레스처럼 실제 생물을 보고 있으면 논리정합적으로는 설명할 수 없는, 까닭을 알 길 없는 그런 일과 자주 맞닥뜨리게 되므로, 하나의 논리로 전부를 재단할 수는 없었던 것이리라. 그런 의미에서 아리스토텔레스는 관찰이나 사실 같은 것을 플라톤에 비해 좀 더 중요시한 사람이었던 것으로 보인다.

다양성의 설명원리

아리스토텔레스는 생물학적으로 재미있는 얘기를 다양하게 펼친다.

첫째로는 '생물이 자연발생한다' 는 것으로, 이는 18세기 무렵에 꽤 중요한 문제가 되었다. 자연발생이 일어나느냐 아니냐의 문제는 라마르크J. Lamark의 진화론의 시기까지 지속된 문제였다.

또 하나는 '생물은 이종발생異種發生을 한다' 는 것. 이종발생이란 예를 들어 인간의 몸이 썩은 곳으로부터 기생충이 생긴다고 하는 것이다. 이 두 가지 사고방식은 유럽 안에 오래도록 침투하여 기독교의 세계관과 경합하게 된다.

아리스토텔레스가 생물의 다양성을 설명하는 데 있어서 플라톤보다 동적動的이라는 점은 확실하다. 특히 발생 과정에서 다른 생물이 만들어진다는 생각은 18세기 기계론자들의 사고에 가깝다. 이러한 형태로 플라톤이나 아리스토텔레스는 생물의 다양성의 근거를 어떻게든 설명하려고 했던 것이다.

사실 진화론은 본래 생물의 다양성을 설명하는 원리로서 고안된 것이다. 라마르크도 다윈도 진화라는 사실을 설명하기 위해 진화론을 만든 것이 아니었다.

　　왜 이토록 많은 생물들이 있느냐 하는 문제의 설명원리로서 '진화'라는 가설을 생각한 것이어서, 진화라는 것이 그런 단순한 가설을 넘어서 사실로서 인정되고 그런 바탕 위에서 진화론이 그 설명원리가 된 것은 그로부터 한참 뒤인 19세기 종반 이후의 일이다. 요컨대 화석들이 많이 쏟아져 나오면서 옛날 생물들은 지금의 생물과 전혀 다르다는 것을 사실로서 승인하지 않을 수 없게 되자, 드디어 진화론이 생물의 변천에 대한 설명원리가 되지 않을 수 없었던 것이다.

2. '진화론' 전야—중세 및 근세 유럽의 생물관

자연발생과 기독교 세계관

아리스토텔레스의 학설은 12세기에 유럽으로 흘러 들어온다. 그때까지 유럽은 학문적으로 대단히 후진적이었다. 특히 서유럽은 미개지였다. 중국은 차치하고 서쪽 세계만 보더라도 가장 번영했던 곳은 유럽이 아니라 이슬람 세계였다. 이베리아 반도를 지배한 이슬람 문명의 서적을 유럽에서는 이제사 막 읽은 참이었는데, 일찍이 8세기부터 14세기 정도까지의 유럽에서는 이슬람이 문화적으로 가장 역량 있는 곳이었다. 실제로 이슬람권은 대단히 번영하여 그 무렵 유럽의 대도시들은 스페인의 코르도바나 이탈리아의 팔레르모 같은 곳이었고 그에 비하면 로마나 파리 따위는 완전히 소도시였다.

　　아리스토텔레스는 중세 초기의 서유럽에서 전혀 알려져 있지 않은 상태였다. 아리스토텔레스의 저작은 예전에 이슬람권으로 흘러들어 갔기 때문에 그의 저작 중 유럽에 처음 들어온 것은 아랍어로 된 책을 번역하여 소개한 것이었다. 그리스어 원전으로부터 직접 번역하게 된 것은 조금 뒤의 일이다. 아리스토텔레스의 자연학은 당시 유럽의 처지에서 보면 상당히 많이 나아간 것이어서 모두 깜짝 놀라 버렸기 때문에, 그는 자연학의 신과 같은 존재로 추대되었다.

그런데 아리스토텔레스의 자연학에는 기독교의 가르침과는 다른 얘기들이 쓰여 있었다. 플라톤의 이데아론이라면 그러지 않았겠지만, 아리스토텔레스의 자연학에는 이종발생을 한다든가 자연발생을 한다든가 하는 기술이 등장한다.

그것은 기독교의 세계관과는 잘 융합되지 않았다. 기독교는 창조의 6일 동안 세계가 전부 생겼다고 한다. 기독교 세계관과 아리스토텔레스의 자연학을 어떻게든 조정할 필요가 생긴 것이다.

12세기부터 14세기에 걸쳐 스콜라 철학이 유럽에서 발달한다. 토마스 아퀴나스, 오컴 같은 유명한 스콜라 학자들이 나왔다. 그들은 성서의 교의와 아리스토텔레스의 자연학이 실은 모순되지 않는다는 해석을 전개한다. 오늘날 일본의 내각법제국이 헌법 제9조와 자위대의 존재가 이러저러하고 여차저차한 이유로 모순되지 않는다는 논리를 펼치는 것과 같은 형국이었다.

그러한 의미에서 자연발생은 상식이었다. 자연발생이 당연하다고 생각했기 때문에 기독교와 아리스토텔레스를 조정할 필요도 있었던 것이다. 그런데 17세기 무렵이 되자 자연발생이라는 상식이 의심을 사기 시작한다.

「쥐를 만드는 방법」

생명의 자연발생이 얼마나 상식적이었느냐 하는 것을 보여 주는 실험이 있기에 소개한다.

16~17세기에 활약한 벨기에의 유명한 생물학자 반 헬몬트J. van Helmont는 식물이 무기물을 필요로 한다는 사실을 가장 먼저 실험적으로 증명한 사람이라고 해서 조금 오래된 고교 교과서에도 나온 적이 있다. 그가 쓴 논문은 이런 내용이다. 흙을 바싹 말려서 무게를 잰다. 그걸 화분에 넣고 거기에 묘목을 심어 매일 물만 준다. 그리 하면 나무가 부쩍부쩍 자라난다. 5년 후에 나무를 뽑아 흙을 전부 떨궈 낸다. 그 흙의 무게를 재면 처음 잰 것에 비해 거의 변하지 않았으므로, 식물은 물만을 영양원으로 하여 생장한 것이다. 이것이 그 논문의 내용이다.

그때 그는 데이터만큼은 충실하게 다루었고 그 결과 아주 조금만 가벼워졌다고 확실히 쓰고 있다. 그러나 0.1퍼센트 정도밖에 안 줄어들었기 때문에 그것은 오차 범위 내에 있는 것이고 따라서 식물은 물만 흡수하여 생장한다고 결론을 내렸다.

그런데 헬몬트가 '아주 조금'에 불과하다고 생각한 것이 실은 흙으로부터 식물에 흡수된 무기물, 나트륨, 마그네슘이라는 게 후에 밝혀진다. 그후 후대인에 의해 헬몬트의 실험은 식물이 무기물을 필요로 한다는 점을 증명한 세계 최초의 실험이 되어 버렸고 고교 교과서에도 실렸던 것이다. 유명해지는 방법도 가지가지다.

바로 그 헬몬트가 「쥐를 만드는 방법」이라는 논문을 쓴 바 있다. 문자 그대로 쥐는 어떻게 해서 만드는가에 대한 논문이다.

결론은 창고에 누더기천이나 땀이 밴 셔츠 같은 것을 놓고 거기에 기름이나 우유를 부어 한동안 두면, 거기서 자연발생한다고 한다. 실험

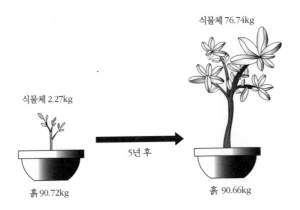

식물체 76.74kg

식물체 2.27kg

5년 후

흙 90.72kg

흙 90.66kg

헬몬트의 실험
흙의 중량은 확실히 감소했지만, 헬몬트는 오차 범위 내라고 생각하여, 식물은 물만으로 자란다고 결론내렸다.

을 한 이상에는 당연히 쥐가 어디로도 들어갈 수 없도록 창고를 빈틈없이 밀폐했을 텐데, 필시 어디를 통해서든 잠입해 들어온 쥐가 나왔음에 틀림없다. 그런 논문이 쓰여질 정도로 자연발생이라는 사고방식은 실로 통상적인 생각이었다.

특히 기생충 따위는 의심의 여지없이 자연발생했다고 생각했을 것이다. 옛날 사람들에게는 기생충이 많이 있었다. 여담이지만 나도 초등학생 시절 회충 검사를 받았는데, 검사 결과 회충 알이 나왔다고 해서 초콜릿 같은 구충제를 받았다. 아이 때는 그게 매우 재미있었다.

실제로 중세 유럽에는 기생충이 심하게 많았는지, 메디치家의 이름을 딴 메디치충이라는 커다란 기생충도 있었다. 그것이 인간의 몸에서 꾸물꾸물 나온다. 그걸 열심히 뽑고 있는 그림을 본 일이 있다.

그와 같은 기생충이 어디에서 발생하는지가 문제다. 물론 인간 같은 큰 생물이 기생충의 알을 먹은 다음, 그 알이 큰 생물의 배 속에서 크게 자라는 것이다. 그런 것은 몰랐으니까 썩은 내장으로부터 발생한다든가 이상한 것을 먹으면 그것이 기생충으로 변신한다고 생각되고 있었다. 그것은 일종의 이종발생이다.

자연발생을 둘러싼 실험

자연발생이나 이종발생을 부정하는 실험은 겨우 17세기나 18세기가 되어 행해지게 되었다. 17세기에 레디F. Redi는 구더기가 자연발생하지 않는다는 내용의 실험을 하는데, 그때까지 구더기는 자연발생한다고 생각되었다. 그런 상황에서 레디는 파리가 들어가지 않도록 고기를 망으로 덮어 두자 구더기가 들끓지 않는다는 실험을 한 것이다. 참 허접한 실험을 했다고 느끼실지 모르지만 그때까지는 그런 실험조차 하지 않았다. 그러나 세균이라는 관념이 없었으니까, 구더기가 들끓지 않으면 썩지 않는다고 생각했다는 대목이 참으로 대단하다.

그리고 한참 후인 19세기 말에 파브르가 지중해에서 잡힌 물고기를 프랑스 내륙부로 운반하기 위해 물고기를 신선하게 보존하는 방법을 기술했다. 파브르는 남프랑스 사람이니까 도착했을 때는 물고기가 썩을까 말까 하는 시점이었을 것이다.

통상적으로 파리는 죽은 동물의 눈알에 알을 낳는다. 그곳이 부드럽기 때문이다. 눈알을 통해 안으로 들어가 그 안을 잘도 녹여 버린다. 산에서 새가 죽어 지면에 떨어지면 구더기가 끓는다. 한동안은 깃털이 붙어 있으니 이제 막 죽은 새처럼 보이지만 들어 보면 구더기가 들끓고 있다. 눈 주변에 낳아 놓은 알들이 구더기로 변한 것이다. 그러니까 물고기도 눈 있는 곳을 종이로 덮어 두면 구더기가 끓지 않고 오래 간다. 파브르는 그렇게 쓰고 있다.

18세기가 되면 이제 좀 진지한 실험을 하게 된다. 17세기에 현미경이 발명되자 이를 사용하여 작은 대상을 볼 수 있게 되었다.

레벤후크A. Leeuwenhoek 등의 생물학자들은 연못 속에 있는 많은 미소한 생물들을 현미경으로 처음 보고 대단히 놀라 스케치를 다수 남겼다. 이러한 미소생물이 자연발생하는지 아닌지가 일대 문제가 되었다.

고기즙을 부글부글 끓여서 플라스크에 넣는다. 처음에 스포이트로 집어 가지고 현미경으로 보아서는 아무것도 보이지 않는다. 그렇지만 한동안 두고 있으면 거기에서 여러 가지 다양한 미생물들이 보인다. 그 시절에는 이를 적충류滴蟲類라고 불렀는데, 대체로 요즘 말하는 원생동물에 해당된다. 윤충輪蟲 등, 원생동물 이외의 것도 들어 있었지만, 그러한 미소생물을 뭉뚱그려서 적충류라 한다. 그것들은 자연발생한다고 여겨졌다.

니덤J. Needham, 1713~1781은 끓인 고기즙을 넣은 플라스크 주둥이를 코르크 마개로 막아 밖에서 아무것도 들어가지 못하게 해도 적충류가 자연발생한다는 것을 보여 주는 실험을 했다.

18세기에 쥐의 자연발생을 믿는 사람은 없었지만 적충은 여전히 자연발생한다고 생각되었다.

그런데 코르크를 현미경으로 보면 구멍이 많이 뚫려 있다. 스팔란차니L. Spallanzani는 좀더 현명하게 어디에서 뭔가가 들어온다고 생각했고, 주둥이의 유리를 녹여 플라스크를 막아 보았다. 그대로 한동안 두었다가 플라스크를 갈라서 조사해 보니 아무것도 없었다.

따라서 자연발생은 일어나지 않는다고 발표했다. 자연발생을 부정한 이 실험은 완벽해 보이지만 뭔가 트집을 잡는 사람은 어느 시대에나 있는 법이어서 자연발생에는 신선한 공기가 필요하다고 말하기 시작했다. 이것은 엄청난 난제다. 신선한 공기를 넣기 위해서는 구멍을 뚫지 않으면 안 된다. 구멍을 뚫으면 그곳으로 포자胞子 따위가 들어간다.

'생물은 자연발생하지 않는다'

이 문제의 결론을 짓기 위해서는 19세기 중반의 파스퇴르L. Pasteur까지 기다리지 않으면 안 되었다. 그는 파스퇴르의 플라스크라는 특수한 플라스크를 사용하여 자연발생을 부정한다. 플라스크 안에 끓인 고기즙 등 미생물들이 좋아할 법한 것을 넣어 둔다. 유리를 닫아 버린 플라스크에서는 미생물이 발생하지 않는다. 닫지 않은 플라스크 안에서는 발생한다.

파스퇴르의 플라스크는 그 중간으로 공기가 확실히 들어간다. 그렇지만 미생물은 발생하지 않으며 발생한다 해도 대단히 시간이 오래 걸렸던 것이다.

그것을 해석하는 길은 오직 한 가지, '자연발생은 일어나지 않는다'는 것뿐이다. 파스퇴르의 플라스크에서는 밖으로부터 포자나 뭔가가 날아와도 안으로 들어가는 데 시간이 걸렸던 것이다. 세균의 경우도 자연발생하지 않는 것으로 결론이 난다. 생물은 모두 생물로부터 생기는 것이다. 그가 이 실험을 한 것은 1860년 전후니까, 지금으로부터 겨우 140년쯤밖에 안 된 이야기다.

17~19세기 사람들에게 자연발생이 일어나느냐 안 일어나느냐라는 것은 기독교와 관련하여 대단히 중요한 문제였다. 자연발생이 일어나지 않는다는 실험은 기독교에 있어서 매우 유리했기 때문에 자연발생하지 않는다고 주장하는 사람들이 늘어남에 따라 기독교의 교의는 세를 늘려 나갔고, 아리스토텔레스는 이제 낡은 것이 되어 갔다.

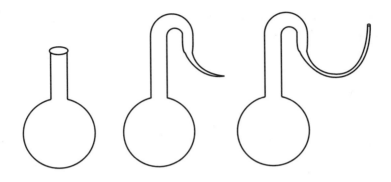

파스퇴르의 플라스크
파스퇴르는 공기는 들어가지만 미생물은 아주 들어가기 어려운 특수한 플라스크(오른쪽 그림)를 사용하여 자연발생을 부정했다.

12세기 이후 한동안은 아리스토텔레스에게 권위가 있었기 때문에 기독교도 아리스토텔레스와 타협하여 스콜라 철학을 만들었지만, 아리스토텔레스의 지위가 이전과 달라진 상태에서라면 기독교의 교의만으로 충분하다. 15세기 들어 서양에서도 르네상스가 일어나 과학이 서서히 발달하였고 아리스토텔레스의 권위는 상대적으로 추락하기 시작한다. 그런 상황에서 자연발생을 부정하는 실험은 교회의 권위가 고양되는 데에 대단히 적합했던 것이다.

'후성설'과 '전성설'

앞에서 말했던 18세기 스팔란차니와 니덤이 했던 실험 이야기로 돌아가 보자. 양자의 논쟁에는 다양한 사람들이 가담했다. 스팔란차니 쪽에 가담한 것은 거의 교회파 인사들이었고 니덤 쪽에 가담한 것은 반교회파 인사들이었다.

이 무렵 반교회파는 거의 데카르트주의자, 기계론자들이 차지하고 있었다. 그들은 신이 없어도 세계는 기계론적으로 운행되어 간다고 주장했다. 그 중 유명한 사람으로는 뷔퐁G. de Buffon, 라메트리J. La Mettrie, 돌바크P. d'Holbach, 그리고 가장 과격한 기계론자 디드로D. Diderot가 있었다. 이러한 사람들이 자연발생론자 쪽에 가담하여 무생물이든 생물이든 기본적으로는 동일하므로 무생물이 생물이 되어도 이상할 게 없다고 생각한다.

한편 교회파 사람들은 생물은 신이 만든 것이므로 무생물과는 근본적으로 질이 다르다고 보았다. 예컨대 볼테르Voltaire, 달랑베르J. d'Alembert, 할러A. Haller 등이 있었는데, 생물학적으로 가장 재미있는 사람은 샤를 보네C. Bonnet다. 그는 대단히 재미있는 사람이었고 후에 또 언급될 예정인데, 어쨌거나 이런 사람들이 가담하였다.

양자 간의 이 논쟁 위에 생물학에서 유명한 두 가지 학설이 겹쳐 얽히게 된다. 발생학 문제인 '후성설'epigenesis과 '전성설' preformation theory이 바로 그것이다.

전성설은 생물의 형태는 알 속에서 미리 결정된다는 생각이다. 후성설은 알은 부정형물이고, 그것이 발생 도중에 서서히 형태를 바꾸어 인간도 되고 닭도 된다는 생각이다.

결국 전성설론자는 닭이 어떤 형태로든 달걀 안에 들어 있다고 생각했다. 처음부터 존재한다고 생각하므로 당연히 교회파, 즉 자연발생하지 않는다는 사람들 쪽에 가담한다.

보네는 전성설을 강력히 추진한 유력 생물학자로서 교회의 권위를 믿고 있었다. 후성설론자들은 무생물에서 생물이 나온다고 생각할 정도니까, 형태는 기계론적인 이유에 따라 얼마든지 변할 수 있다고 생각했다. 이렇게 두 그룹이 대립하고 있었다.

그후 생물학이 점점 발전하고 20세기가 되어 발생학도 크게 발전을 하자, 생물은 후성적으로 정해진다는 쪽으로 기운다. 그렇지만 생물은 자연발생하지 않는다는 점까지 고려에 넣을 경우 이 두 학파는 교착交錯된다고 할 수 있다. 요컨대 후성설이지만 자연발생을 인정하지 않는 후성설이 현재의 사고방식이다. 두 이론 중에서 옳은 부분만을 반씩 붙여서 반교착半交着하게 된 것이다.

진화론의 맹아는 후성설에 있다

현미경으로 아무리 봐도 알 속에 닭은 없다고 후성설론자는 주장하고 전성설론자는 있다고 한다. 그 중에는 정자 안에 인간이 있다고 주장한 사람도 있다. 정자 안에 작은 인간이 있는 것을 보았다고 한다. 그런 것은 없으므로 실은 보이지 않았음에 틀림없지만, 마음의 눈으로 보면 보이지 않는 것도 보이는 법이다.

그러나 후성설론자는 논리적으로 형편이 그리 좋지 못하다. 형태는 왜 생기는가. 후성적 원인에 의해서 형태가 생기고, 인간의 알도 닭의 알도 처음에는 그 내용을 알 수 없다면, 닭의 알이 닭이 아닌 다른 것이 될 수도 있을 것이며, 인간의 알이 인간이 아닌 다른 것이 될 수도 있을 터이다.

실은 후성설론자가 주장한 것이 바로 그러한 내용이었다. 이는 일종의 기계론이며 여기에서 진화라는 사고가 배태된다. 후성설론자는 예컨대 인간의 알이든 닭의 알이든 도중에 이상한 경향성이 작동하면 인간 이외의 것, 닭 이외의 것이 될 가능성이 있다고 보았다. 이런 식으로 생물은 다양화되어 왔다고 주장한 것이다. 후성설론자들의 주장은 생물이 후천적으로 다양화해 왔다는 것이므로 진화론에 결부된다고 볼 수 있다.

전성설에 따르면 미리 모든 것이 결정되기 때문에 닭은 닭 이외의 것이 되지 않는다. 처음에 신이 닭을 만들면 이후에는 계속 닭인 셈이므로, 전성설은 진화를 부정하게 되었다.

그러나 후성설론자는 생물이 후천적 원인에 의해 형태가 결정된다고 주장하고는 있었지만 실험으로 새로운 생물을 만들 수는 없었다. 닭의 알은 결국 전부 닭이 된다. 그러니까 그 원인은 미리 결정되어 있다고 생각하는 전성설 쪽이 논리정합성은 훨씬 더 많다.

또한 뒤에도 얘기가 나오겠지만 현재의 생물학은 논리형식적으로 보면 완전히 전성설적이다. 생물에게 형태를 결정하는 DNA라는 정보가 미리 들어 있다고 생각하는 것은 전성설 그 자체다. 18세기 사람들에게는 정보라는 사고가 없었기 때문에 미니어처가 들어 있다고밖에는 생각할 수 없었다.

전성설론자 보네의 '호문쿨루스'

보네의 생각은 정말 굉장하다.

인간의 알 속에 작은 인간이 들어 있다. 이 작은 인간을 '호문쿨루스'라고 한다. '작은 인간'이라는 의미다. 그 작은 인간 안에 작은 알이 들어 있다. 그 작은 알 안에 더욱 작은 인간이 들어 있다. 나아가 작은 알이 들어 있고 작은 인간……, 이렇게 상자 안의 상자식으로 쭉 이어져 간다. 신이 처음에 전부 한 세트로 지으셨다는 것이다. 이를 '상자 속 상자설'이라고 한다.

이것은 대단히 괜찮은 생각으로 인류가 멸망할 때는 최후의 상자가 없어졌을 때가 되는 셈이다. 그렇게 된다면 신이 또 다른 것을 생각해서 만들면 된다.

이러한 보네의 생각은 오늘날 원자론이
나 소립자론에 의해 곧장 반론이 가능하다.
생명은 태곳적부터 계속되고 있었으니까 최
후의 상자 속 인간은 어쩌면 원자보다 작아
져 버릴지 모른다. 적어도 분자보다는 작아
진다. 분자보다 작은 것으로부터 어떻게 해
서 인간을 만드는 것일까? 그걸 아무리 확장
한다 해도 인간을 만드는 건 불가능하다.

호문쿨루스
정자 안에 호문쿨루스가 들어
있다는 현미경하의 관찰도

그러나 그 무렵은 아직 원자론이 일반
인의 머릿속에 없었다. 생물이나 사물은 무한히 작아질 수 있다고 생각
되었던 것이다. 이는 본래 그 연원을 따져 본다면 아리스토텔레스의 사
고방식이다. 그런 의미에서 아리스토텔레스는 대단히 상식적인 사고방
식을 갖고 있었다고 할 수 있다. 꼭 아리스토텔레스가 아니더라도 보통
사람이라면 생물이나 사물은 무한 분할이 가능하다고 생각한다. 그러나
현대물리학은 생물이나 사물은 무한 분할이 불가능하다고 주장한다.

'초끈이론'과 과학의 욕망

예를 들면 '초끈'이라는 대단히 작은 최종 실체를 상정하여 모든 물질을
'초끈'으로 환원하려는 이론이 있다. '초끈'은 더 이상 분할 불가능하다
고 한다. 아리스토텔레스가 들었다면 유한한 것은 분할할 수 있다, 톱을
갖고 와서 자르면 된다고 했을 것이 불을 보듯 뻔하다.

그러나 '초끈'이라는 사고방식도 대단한 사고방식이다. 최근 그 생
각이 틀린 거 아닌가 하는 얘기도 있지만, 과학은 최대한 단순하게 하나

의 이론으로 전부 설명하고 싶어하는 성질을 갖고 있다. 극단적으로 말하면 세계를 하나의 법칙으로 표현하면 가장 좋은 것이다.

현재 자연계에는 네 가지 힘이 있다고 한다. 중력, 강한핵력, 전자기력, 약한핵력이다. 그 중 전자기력과 약한핵력은 통일되어 있다.[4] 과학자들은 이 두 힘만이 아니라 네 가지 힘을 전부 통일하고 싶어 한다. 통일하기 위해서는 하나의 형식으로 네 가지 힘 전부를 기술할 수 있어야한다. 그러한 지점이 바로 '초끈이론'의 발단이다. 과학에는 어쨌거나 그런 욕망이 존재한다.

여담이지만 초끈이론이 성립되어 하나의 형식으로 네 가지 힘을 기술하기 위해서는 시공은 4차원이 아니라 10차원이어야 한다고 한다. 우리 우주는 본래 10차원이었는데, 대칭성이 파괴되어 4차원만이 현재화顯在化되었다는 것이다.

그러나 공간은 아무리 생각해도 3차원이고 여기에 시간을 더한 게 4차원이다. 남은 6차원은 어떻게 된 것이냐 하면 공간의 컴팩트화라는 아이디어를 들이댄다. 대단히 이상한 논리이긴 하지만 또한 대단히 재미있는 이론이다.

둥그런 터널 같은 3차원을 생각해 보자. 예컨대 직경 10미터짜리 터널이다. 그 속에 직경 9.99999미터짜리의 적당한 길이의 원통을 넣는다. 이 원통은 원리적으로는 3차원에 살고 있지만, 실제로는 1차원에 살고 있다고밖에 생각할 수 없다. 한 방향으로만 움직일 수 있기 때문이다. 0.00001미터밖에 못 움직인다는 것은 실질적으로는 움직일 수 없는 것과 마찬가지다.

---

4) 스티븐 와인버그(S. Weinberg), 압두스 살람(A. Salam), 셸던 글래쇼(S. Glashow)는 전자기력과 약한핵력을 통합하는 이론으로 1979년 노벨 물리학상을 받았다. ―옮긴이

그러므로 이 이론에 따르면 세계는 4차원 시공에 대해서는 거의 무한히 열려 있지만, 나머지 여섯 차원은 (있기는 있지만) 컴팩트화되어 있을 뿐이다. 초끈은 매우 작기 때문에 그 남은 차원들도 초끈에게는 의의가 있지만, 우리 같은 커다란 존재에게는 의미 있는 공간이 아니다. 결국 우리에게는 4차원 시공이지만 초끈에게는 10차원이라는 말인데, 논리상으로는 좀 이상하긴 하지만 어쨌든 조리가 서게 만드는 것이다.

이거 맞는 얘길까 틀린 얘길까? 보통 사람들은 "뭐? 정말?"이라고 할 테지만, 사실 이 이야기는 거짓도 진실도 아니다. 어느 쪽 입장이든지 증명은 불가능하다. '오컴(스콜라 철학자)의 면도날' 혹은 절약의 원리라고 불리는 것, 즉 가능한 한 적은 동일성으로 세계를 해석하려 하는 것은 과학의 욕망 중 하나이다. 진화론도 그런 면모가 있어 가능한 한 단순히 하나의 원리로 해석하고 싶다는 욕망은 어떤 형식으로든 가지고 있다.

미리 신이 짜 놓은 진화

보네 이야기로 돌아가자면 최종적으로 보네는 더 안에 들어 있는 상자일수록 더 고등하다는 생각을 했다. 이것은 바로 진화론이다. 세대를 이어 가며 계속 변화해 가는 것이므로 신이 미리 진화되도록 짜 놓으신 셈이다.

18세기가 되면 생물의 형태가 서서히 변화해 간다는 것을 인정치 않을 수 없는 실험적 사실이 여러 가지로 나온다. 보네는 재생현상을 연구하고 있었다. 보통은 잃어버린 기관과 같은 것이 새로이 생기는데, 경우에 따라서 형태가 조금 바뀌어 재생이 되기도 한다. 요컨대 이형재생異形再生을 하는 것이다. 그러한 점에서 생각해 보면, 생물이 전혀 변하지 않는다는 이론은 실제적이지 못하다고 보네는 판단한 듯하다.

그러나 신이 만들었다는 것을 옹호해야만 하므로, '상자' 안에 조금씩 더 멋진 생물이 들어간다고 생각했다. 그러니까 인간의 '상자'가 점점 진행되어 종국에 이르면 최후에는 천사가 된다.

생물은 세대가 계속 이어지면서 점점 더 고등해져 간다. 보네는 훗날의 라마르크 진화론에 상당히 가까운 생각을 하고 있었던 셈이다. 그러나 그것은 모두 신이 지으신 것이라는 점에서, 자연에 의해 변화하는 것이 아니라 미리 결정되어 있다고 하는 전성설 내부에서의 이야기다. 이것이 보네가 만들어 낸, 신학을 기본으로 한 세계 최초이자 최후의 진화론이다.

극히 최근까지 가톨릭은 진화론을 인정하지 않았다. 미국에는 진화론을 아예 부정하는 근본주의라는 커다란 세력이 있는데 그들에게 보네의 진화론을 가르쳐 주면 모두 다 달라 붙을지도 모른다. 논리정합적인 데다가 이야기 구성도 대단히 잘 되어 있다.

반교회파 사람들은 그러한 설에 반대하여 생물이 데카르트적 원리에 따라 무생물로부터 기계론적으로 생겨난다든가, 개체발생의 결과 A종이 갑자기 B종이 된다든가, 하는 그런 후성설적인 생각을 열심히 전개하고 있었다. 디드로, 돌바크에게서도 그런 언설이 보인다.

아리스토텔레스적인 의미에서 생물의 발생 과정 내에 그 원인을 밀어 넣음으로써 생물의 다양성을 해석하려고 한 것이다. 그것은 아직 진화론이라고까지는 할 수 없다 해도 진화론의 맹아였음에는 틀림이 없다. 결론적으로 말하면 그 시대에는 생물의 다양성을 동적으로 해석하려고 하는 사람들과 정적으로 해석하려고 하는 사람들이 있었고, 진화론은 생물의 다양성의 해석에 시간을 개재시키려고 한 지점으로부터 태어난 것이다.

3. 라마르크의 『동물철학』

고리타분한 구시대적 망언으로 치부된 라마르크의 '진화론'

라마르크는 18세기 말부터 19세기 초에 걸쳐 활약한 생물학자다. 동시대인으로는 유명한 퀴비에G. Cuvier가 있다. 라마르크의 진화론은 전술한 계보로 말하자면 무신론자쪽으로, 후성설과 자연발생을 옹호하는 계보에 이어진다. 그런 의미에서는 뷔퐁, 디드로 같은 사람들의 후계자라고도 할 수 있겠다. (라마르크의 저작에는 신을 믿고 있는 듯한 기술이 보이지만) 아마도 그는 신을 믿지 않았을 것이다.

그렇지만 일반적인 시대 분위기는 자연발생을 부정하는 논조가 우세해지고 있었다. 물론 최종적으로 자연발생이 부정되는 것은 파스퇴르에 이르러서지만, 다양한 의미에서 자연발생이 없다고 하는 실험적인 사실 쪽이 우세했던 것이다.

그러한 의미에서 라마르크의 진화론은 그 당시 최첨단 과학자들의 눈에는 일종의 반동처럼 보였다. 현대인들은 라마르크가 세계 최초의 진화론을 만들어 그 당시의 최첨단이었다고 느낄 수도 있지만 결코 그렇지가 않았다. 당시 라마르크의 진화론은 뭔가 대단히 시대에 뒤처진 고리타분한 망언으로 해석된 면이 실은 강했다.

그런 해석의 최선봉은 퀴비에였다. 그는 당시 파리 과학계를 좌지우지하고 있던 최대의 거물로 라마르크의 진화론에 대한 반론을 제창했다. 비교해부학자였던 그는 수많은 생물들을 해부하여 다양한 기능과 형태를 숙지하고 있었다. 따라서 퀴비에의 논거는 지극히 구체적이고 지극히 과학적이었다.

그는 다양한 연구를 거듭한 결과 모든 동물은 척추동물, 연체동물,

관절동물, 방사동물 등 크게 네 가지 그룹으로 분류할 수 있다는 설을 제창했다. 관절동물은 현재의 절지동물과 거의 같고 방사동물은 성게나 불가사리로 대표되며 현재의 극피동물을 말한다.

이들 각각의 형태와 기능을 샅샅이 관찰해 퀴비에는 네 가지 동물군의 사이에는 아무리 생각해도 건널 수 없는 심연이 있다고 생각한다. 네 그룹은 상호 전혀 관계가 없는 독립된 그룹이라고 생각한 것이다.

이는 하나의 조상으로부터 분기하여 다양한 생물들이 형성되었다고 생각하는 다원적 사고방식과는 정면에서 대립한다. 본래 극피동물은 극피동물, 절지동물은 절지동물, 척추동물은 척추동물로 결정되어 있다는 사고방식은 말하자면 반反진화론적인 이야기다.

비교해부학의 권위자로서 퀴비에는 자신의 생각에 확신을 갖고 있었을 것이다. 라마르크는 척추동물 등에 대해서는 특히 밝지 못했기 때문에, 퀴비에와 라마르크의 과학적 소양은 전적으로 달랐다.

라마르크는 본래 식물학자였지만 도중에 동물학자로 전향한다. 전향한 이유는 여러 가지가 있었다. 그 당시 라마르크는 파리 왕립식물원의 식물표본실 주임으로서 식물분류를 연구하고 있었다. 그런데 프랑스 혁명으로 식물원이 자연사박물관으로 개조되고 식물표본실은 폐지되면서, 라마르크는 누구도 가지 않을 것 같은 연충蠕蟲부문 교수로 좌천된다. '연충'이란 당시에 불리던 이름으로 오늘날의 무척추동물(이 말은 라마르크가 만들었다)에 해당하는데, 어쨌거나 연충부문은 당시 소위 한직이었다고 할 수 있다. 동물 분야의 꽃인 척추동물부문은 퀴비에가 담당하고 있었다.

그러나 근면한 라마르크는 연충(무척추동물)부문으로 옮기자 무척추동물을 조사해 무척추동물에게 다양한 체계의 차이가 있다는 사실을 바탕으로 진화론을 구축한다. 다만 시대배경에 비춰 보면, 라마르크의 진화론은 당시의 최첨단이 아니었으며 학계의 평가도 대단히 낮았다.

유명한 에피소드가 있는데, 라마르크가 『동물철학』*Philosophie Zoologique*이라는 진화론 책을 집필했을 때, 당시 황제였던 나폴레옹에게 이 책을 증정한 일이 있다. 파리 자연사박물관 교수가 나폴레옹을 알현하는 기회가 1년에 한두 번 있는데 그 기회에 자신의 최근 저서를 헌본하는 관습이 있었을 것이다. 그 책을 본 나폴레옹은 "이런 시시한 책을 쓰다니"라고 말한 것으로 전해진다. 나폴레옹에게 퀴비에가 미리 귀띔을 해준 게 아니겠느냐는 등 다양한 억측이 있지만, 어느 쪽이든 간에 나폴레옹의 감각이 그다지 훌륭하지 않았던 것만은 확실해 보인다.

'존재의 대연쇄'

라마르크의 진화론을 당시 과학자들이 꺼린 이유는 사변적 체계성이 과도하게 강했기 때문이다. 그때까지 유럽의 전통을 속박해 온 하나의 사고방식으로서 '존재의 대연쇄' The Great Chain of Being라는 게 있었다. 이 존재의 대연쇄란 모든 것은 빈틈없이 차례차례 연쇄되어 있어 공백이 없다는 의미다.

그것을 대단히 적확하게 나타낸 사람은 린네C. Linné였다. 린네는 스웨덴의 식물학자로 18세기에 식물분류학을 계통적으로 수립하여 분류체계 그 자체를 확립했다. 종을 속명과 종명으로 나타내는 현재의 이명법二名法을 창시한 사람도 린네다.

예를 들어 배추흰나비라면 피에리스 라페Pieris rapae라고 하는데 이 중 피에리스는 속명이고 라페는 종명이다. 인간이라면 호모 사피엔스 Homo sapiens가 되는데 호모는 속명, 사피엔스는 종명이다. 참고로 이 두 이름은 실제로 린네가 붙인 이름이다.

그런데 린네의 분류체계는 지금 보면 꽤나 이상하다. 예컨대 그는 식물을 수술의 수와 암술의 수로 전부 분류할 수 있다고 생각했다. 그에 따르면 수술의 수를 0개, 1개, 2개……, 마찬가지로 암술의 수를 1개, 2개……라고 쓴 표가 생긴다. 이것이 강綱인데 그 하부 단위에는 목目이라는 이름하에 분류를 해간다. 예를 들어 당근은 5수술강, 2분分 암술목으로 분류된다. 이런 식으로 하면 표에는 당연히 구멍이 뚫린다. 구멍이 뚫려 있다는 것은 어쩌면 그러한 식물이 존재하지 않을 수도 있다는 걸 의미한다. 예컨대 수술 수가 N개고 암술 수가 M개인 식물이 있을까 없을까 하는 문제인데, 그런 걸 알 수 있는 사람은 아무도 없다.

린네의 사고방식에 따르면 모든 존재는 대연쇄로 연속되어 있어야 하므로 중간에 간극이 생겨서는 안 된다. 찾으면 반드시 있을 것이라고 믿어 의심치 않았다. 린네는 자신의 제자들을 세계에 널리 파견하여 구석구석까지 샅샅이 뒤지도록 했다. 이곳과 저곳이 메워져 있지 않으니 찾아오라고 하여 전부 찾게 함으로써 빈틈없이 메워 갔다. 신의 질서 그 자체를 표현하는 분류체계를 만들려고 했던 것이다.

그러나 잘 생각해 보면 그것이 진정 자연의 질서를 그대로 반영한 분류체계인지 아닌지는 알 수가 없는 노릇이다. 린네는 『자연의 체계』 *Systema Naturae*라는 책을 썼는데, 린네의 머릿속에 있던 자연의 체계란 신이 창조했다고 린네가 생각한 자연의 체계였던 것이다.

유명한 파리 아카데미의 논쟁

동식물을 관찰하면 생물계에는 그다지 완벽한 질서가 존재하지 않는다는 사실이 드러난다. 퀴비에가 바로 그렇게 생각했다. 자연에는 자연의 질서가 있는데 그것은 인간의 생각이나 신의 생각과는 직접 관계가 없다고 생각한 것이다. 그렇게 되면 당연히 자연은 연속되어 있지 않고 단절되어 있는 경우도 있다. 비교해부학을 통해 얻어진 데이터는 동물 간에 단절이 있다는 것을 보여 주었다.

그에 반해 라마르크는 생물들이 기본적으로 가장 고등한 것부터 가장 하등한 것까지 간극 없이 배열된다고 생각했다. 요컨대 '존재의 대연쇄'를 옹호한 학자였던 셈이다. 퀴비에 입장에서 보면 라마르크는 극히 시대착오적인 학자로 보였다.

당시 퀴비에와 생틸레르E. Saint-Hilaire는 유명한 파리 아카데미의 논쟁을 펼친다. 이는 당시의 학계가 어떠한 상황에 있었는지 알 수 있는 재미있는 에피소드다.

생틸레르는 모든 동물이 하나의 타입에서 전부 도출될 수 있다고 보았다(이것은 구조주의생물학과도 조금 관계가 있다). 이것은 '존재의 대연쇄'의 논리적 연장 같은 느낌을 주었다.

하나의 전형적인 패턴 혹은 원형이 있고 그것을 변형해 감에 따라 모든 생물을 도출해 낼 수 있다고 한다면, 그 원형이 대단히 중요해서 그것만 알면 동물은 전부 이해하게 된다. 이런 논리에 따르면 존재들 간에 단절은 없다. 그것은 그러니까 일종의 신의 질서 같은 것을 믿는 하나의 증거이기도 하지만, 괴테 같은 동시대인도 역시 원식물과 원동물을 생각했고 식물이라면 원식물로부터 모든 식물이 도출된다고 생각한 바 있으므로 꼭 그런 측면에서만 볼 것은 아니다.

발단이 된 것은 생틸레르의 두 제자 롤랑세와 멜랑이 쓴 논문이었다. 그것은 연체동물(두족류)과 척추동물이 실은 같은 원형에서 생겼다는 내용이었다.

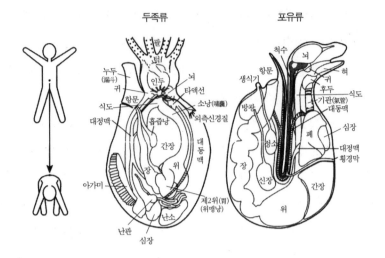

포유류와 두족류의 위상학

등쪽을 반으로 접은 포유류와 두족류(문어, 오징어)는 외부 형태는 닮았어도 내부 형태의 위치관계는 전혀 다르다.(『형태와 상징』形態と象徵에서)

　이는 대단히 흥미로운 얘기로 예컨대 인간의 신체를 배꼽에 정점을 두고 역으로 굴절시켜 본다. 배꼽을 정점으로 하여 몸을 둘로 접으면, 인간의 몸은 배꼽이 가장 높이 오고 머리가 밑에 와서 손과 발이 뻗어 나온 형국이 된다. 이는 문어나 오징어와 같은 형形이다. 그러니까 인간의 유형과 문어 및 오징어의 원형이 같다고 하는 사고방식이다.

　이는 척추동물과 연체동물은 연속되지 않는다는 퀴비에의 학설에 정면으로 배치된다. 괴테는 기뻐했고 생틸레르도 이를 지지한다. 퀴비에는 분개한다.

　그래서 퀴비에는 외관상으로 보면 물론 그렇지만 안에 있는 장기는 절대로 변환가능하게 되지 않는다는 것을 상세한 내부해부도를 사용하여 반론, 철저히 논파한다. 대결은 퀴비에의 압도적인 승리로 끝났다. 퀴비에의 명성은 갈수록 높아지고 생틸레르의 명성은 내리막길로 치달았으며 괴테의 명성도 조금 떨어지게 되었다.

'진화시공간 균일설'

그러한 논쟁을 거쳐 당시 파리의 과학계에서는 동물에는 기본적으로 네 가지 유형이 있고 그들 간에는 상호 변환이 불가능하다는 퀴비에의 설이 압도적으로 주류가 되었다. 퀴비에는 비교해부학의 권위자였으며 생물을 가장 심도 있게 숙지하고 있는 사람이었다. 모든 생물은 가장 고등한 것부터 가장 하등한 것까지 빈틈없이 나열된다는 라마르크의 설은 아무래도 어리석은 농담 정도로밖에는 여겨지지 않았다는 것이 당시의 상황이었다.

그런 배경에서 라마르크가 『동물철학』이라는 책을 내어 데카르트주의적인 기계론에 바탕을 두고 자신의 사변적 진화론을 내세운다. 라마르크의 진화론은 생물의 점진적인 변화를 신의 힘을 상정하지 않고 사유하고 있다. 당시 사람들에게는 케케묵은 느낌을 주었지만 지금 보면 단순히 물리화학적인 힘, 즉 자연계의 힘만으로 생물이 세대를 거치면서 변화해 간다고 제창한 최초의 설이라고 볼 수도 있다. 이리하여 라마르크는 최초의 진화론자로서 역사에 이름을 남기게 된다. 그러나 당시로서는 라마르크에 대한 평가가 곱지 못했다. 아니 굳이 따지자면 '허참, 구제불능이구만' 하는 느낌이었다.

라마르크의 진화론은 '진화시공간 균일설'이라고 할 수 있다. 진화법칙이 모든 시공간에서 전부 균일하다는 이야기다. 그는 데카르트주의자니까 디드로나 라메트리와 마찬가지로 무생물은 물리적인 힘에 의해 점점 진화하여 생물이 된다고 생각한다. 세로축 아래쪽이 무생물이고

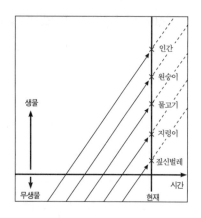

위쪽이 생물인데, 위로 갈수록 질서가 증가한다고 본다. 가로축을 시간이라고 하면 어떤 물질이 시간과 함께 질서 있는 쪽으로 점점 진화해 가는 것이다.

라마르크진화론의 도식
라마르크는 무생물에서부터 인간까지, 생물은 직선적으로 진화한다고 생각했다.

이런 논법에 따르면 지구의 초기에 최초로 생물이 된 어떤 물체는 점점 고등해지다가 마지막에는 현재의 시간축에 닿아 가장 고등한 생물이 된다. 두번째로 발생한 것은 그 다음으로 고등한 생물에 다다른다. 바로 최근에 발생한 것은 아직 짚신벌레 같은 하등한 생물이라고 생각하면 된다. 가장 처음 발생한 것은 당연히 인간이고 다음은 원숭이다. 라마르크의 사고에서 생물은 그림에서 볼 때 우측 상단 쪽으로 진화해 가기 때문에 당연히 미래에는 침팬지가 인간이 된다.

이런 관점에서 볼 때 진화에는 물리화학적 통일법칙 같은 것이 작동한다. 이는 완전히 데카르트·뉴턴적인 과학관이다. 옛날이나 지금이나 세계는 전부 같은 힘으로 진화압進化壓이 작동하며 점점 고도화되어 X표시에 도달한다. 그렇다면 이 시점에 도달한 생물들은 고등한 질서의 것에서부터 하등한 질서에 이르기까지 빈틈없이 나열될 수 있다. 이것은 존재의 대연쇄에도 부합한다.

현존하는 존재의 대연쇄, 고등에서 하등까지의 질서체계를 라마르크는 시간의 장단 문제로 완전히 치환한 것이다. 현재의 다양성을 자연 발생된 시간의 차이라는 극히 단순한 이야기로 치환한 것이다. 과학이라는 것을 일종의 단순화라고 한다면, 라마르크의 시도는 대단히 복잡한 것을 될 수 있는 한 단순화시키려고 했다는 의미에서 과학적이었다고 할 수도 있겠다.

'용불용설' 과 '획득형질 유전설' 그리고 '정향진화설'

요즘 복잡계가 항간의 화제가 되고 있다. 아리스토텔레스까지 들먹이지 않더라도, 허심탄회한 눈으로 보자면 자연은 라마르크의 생각처럼 그렇게 단순하지가 않다. 다만 문제는 복잡한 것을 복잡하다고 하는 것만으로는 과학이 되지 않는다는 점이다. 그것을 어떻게 단순화할 수 있을까?

생물은 라마르크나 플라톤, 데카르트가 생각한 만큼 단순한 것이 아니다. 다시 말하면 단순화한다고 해도 그런 식의 단순화로는 도저히 안 되겠다는 분위기가 근래에 조성되기에 이른 것인데, 이 문제는 뒤에 따로 얘기하기로 하자.

라마르크의 진화론은 신과는 관계가 없다. 이는 단순히 물리화학법칙에 의해 생물이 다양화된다는 이야기인 것이다. 그는 생물이 이런 식으로 진화한다는 가설을 바탕으로 현재 왜 이렇게나 많은 종류의 생물들이 존재하는지를 설명하였다. 그러한 의미에서는 다양성에 대한 설명의 하나라고도 할 수 있다.

현재 라마르크의 진화론은 대체로 라마르크주의라고 불리고 있다. 그것을 수정 및 발전시킨 것은 신라마르크주의라고들 하는데, 고교 교과서 등에도 쓰여 있듯이 신라마르크주의의 근본원리는 라마르크가 주장한, 필요한 기관은 발달하고 불필요한 기관은 퇴화한다는 '용불용설' 과 '획득형질의 유전설' 이 두 가지다.

또 하나 들자면 생물은 불가피하게 어떤 방향으로 진화해 간다는

'정향定向진화설'이 있다. 이것은 라마르크의 '진화시공간 균일설'을 정밀하게 다듬은 것이다. 정향진화설은 19세기 후반 미국의 고생물학자들이 대단히 강력하게 주장한 것이다. 미국 최대의 고생물학자 코프E. Cope는 신라마르크주의를 표방하며 정향진화설을 강하게 주장한 사람 중 한 명이다.

보조가설

라마르크가 '용불용설'과 '획득형질 유전설'을 생각해야만 했던 데에는 이유가 있다. 만일 자신의 '진화시공간 균일설'에 의해 모두 설명할 수만 있었다면 라마르크는 더 이상 군말이 없었을 것이다.

가장 고등한 생물은 당연히 인간이며 짚신벌레는 대단히 하등한 존재다. 그건 괜찮다. 그러나 가장 고등한 것으로부터 가장 하등한 것까지 늘어놓아 보라고 하면 순번대로 늘어놓을 수가 없다. 예컨대 장수풍뎅이와 사슴벌레 중 어느 쪽이 고등하냐고 하면 참 난처하다.

그래서 라마르크는 다음과 같이 생각했다. 즉 환경의 영향이 전적으로 동일하고 외적인 영향이 전적으로 동일하다면 생물은 진화시공간 균일설에 따라 질서상 동일한 위치를 차지할 것이다. 그러나 현실적으로 생물들은 다양한 환경하에서 살아간다. 수중이나 나무 위, 사막 지대 등 서식지의 차이에 따라 생물은 필요한 기관을 발달시키고 불필요한 기관은 퇴화될 것임에 틀림없다. 그 결과 생물들의 분류상 질서가 뒤죽박죽이 되어 버린다.

라마르크는 서식조건의 차이 때문에 어느 쪽이 고등한지 알 수 없게 된다는 가설을 생각해 냄으로써 자신의 거대한 이론이 파탄나지 않도록 한 것이다.

필요한 기관은 발달하고 불필요한 기관은 못 쓰게 된다는 것은 확실히 인간을 봐도 그렇다. 열심히 팔굽혀펴기를 하면 팔이 두터워지고 잠만 퍼자면 다리가 가늘어지듯이 일반적으로는 이해하기 쉬운 얘기다.

그 점에 관한 한 다윈은 완전히 라마르크주의자였으며 용불용설을 철석같이 믿고 있었다. 『종의 기원』에서도 용불용설은 올바른 것으로서 자명한 전제처럼 쓰고 있다.

따라서 다윈은 일반인들의 생각처럼 라마르크의 설과 전적으로 다른 것을 부르짖은 게 아니었다. 다만 다윈은 라마르크의 대★이론인 진화시공간 균일설과 관련하여 그런 일은 절대로 일어날 수 없다며 정면에서 반대했다.

획득형질 유전설은 용불용설의 연장 같은 것으로, 필요한 것이 발달한다든가 잘 쓰지 않는 것이 퇴화한다는 용불용설만으로는 부족했기 때문에 나온 것이다. 발달한 그것이 유전되지 않는다면 후대에 정착할 방법이 없기 때문이다. 따라서 그의 이론에는 생물이 획득한 것이 유전된다는 추가 논리가 필요했고 바로 그것이 획득형질의 유전이다.

획득형질 유전의 부정

획득형질 유전설은 그 옳고 그름을 둘러싸고 20세기 초까지 논쟁이 되풀이되었는데, 분자생물학이 발달하여 DNA가 유전자임이 밝혀지게 되는 시점에서 획득형질 유전설은 과거의 이론으로 완전히 폐기되어 버린다. 분자생물학의 중심교리central dogma에 따르면 형질의 발현순서는 DNA → RNA → 단백질이다. 현재는 레트로바이러스(자신의 유전정보를 숙주 DNA에게 집어넣을 수 있는 RNA 바이러스)가 발견되었기 때문에, RNA에서 DNA로 돌아가는 경로가 있다는 사실이 판명되었다. 그러나 단백질로부터 거꾸로 돌아가는 경로는 아직 밝혀지지 않았기 때문에, 현 시점에서 라마르크주의의 획득형질 유전설은 분자생물학적인 메커니즘을 갖지 못한 상태다.

그러나 만약 어떤 형질에 발생하는 변화가 거꾸로 DNA에 정착되는 그러한 피드백 경로가 밝혀지면, 획득형질 유전은 이론적으로는 가능한 얘기가 된다. 물론 분자생물학적인 범주에서 볼 때 현재까지 그러한 경로는 발견되지 않았기 때문에 지금 시점에서 획득형질의 유전은 분자생물학적으로는 실증되지 않는 가공의 이론일 뿐이다. 획득형질의 유전을 부르짖는 사람은 그것만 가지고도 이단으로 간주될 것이다.

미국의 스틸T. Steele이라는 학자가 1979년에 획득형질이 유전한다는 책을 집필했다. 그것은 면역관용免疫寬容이 유전된다는 실험이었다.

면역계라는 것은 어릴 때, 나의 단백질은 어떠어떠한 것이며 내 몸에는 이러한 것이 들어와 있다는 것 등을 흉선胸線에서 교육한다. 자신의 몸에 대해 항체를 만들 것 같은 면역세포를 흉선이 전부 솎아 낸다. 이름이 교육이지 실은 모두 죽여 버리고 자신에 대해 항체를 만들지 못하는 세포만 살려 두는 것이다. 그런 세포들이 외부로부터의 침입자에 대해 항체를 만들게 된다.

어릴 때 자신의 것과는 다른 타인의 조직을 넣어 두면, 몸속에서는 그것을 자신의 조직이라고 간주하므로 그것에 대한 항체를 만드는 세포는 살해되어 버린다. 성장한 뒤에도 그에 대한 면역은 생겨날 수 없게 된다. 그러한 현상을 면역관용이라 한다.

A라는 쥐에게 B라는 쥐의 피부 추출액을 주사해 둔다. 그런 다음 A, B 모두가 성장한 뒤에 B의 피부를 A에 이식하여 이식된 피부가 떨어지는지 여부를 실험해 볼 수 있다. 면역관용이 있으면 피부가 떨어지는

일은 없다.

면역은 보통 1대에 한하는 얘기지만, 스틸은 그것이 유전된다는 것을 보여 주는 실험을 했다고 주장했다. 그 논리는 획득된 정보가 레트로바이러스를 이용하여 메신저 RNA에 들어가고 나아가 DNA에 들어가게 된다는 것이다. 그러나 추가실험을 수차례에 걸쳐 해보았지만, 좀체로 성공치 못하였고 결국 스틸은 실각하고 말았다.

앞서 말했듯이 라마르크의 보조가설인 획득형질 유전설은 정설로 인정받지는 못해도 아직까지 어느 정도 논란의 여지는 남아 있다. 반면 라마르크의 대이론은 곧 못 쓰게 되고 말았다.

이미 말했듯이 19세기도 반이 지난 1860년 전후에 파스퇴르가 실험적으로 자연발생을 부정한다. 따라서 자연발생을 전제로 한 라마르크의 대이론은 완전히 시대착오적인 이론으로 전락한다. 정확히 그와 동시기인 1859년에 다윈의 『종의 기원』이 출판된다. 그런 의미에서 다윈의 진화론은 자연발생을 전제로 하지 않는 진화론이며 시대상황과 잘 합치되었다. 자연발생을 전제로 하는 진화론에서 자연발생을 전제로 하지 않는 진화론으로 시대는 반전反轉되었던 것이다.

데카르트·뉴턴주의에 대한 일종의 안티테제

한 가지 부언하고 싶은 것은 라마르크까지의 진화론은 반은 사변이지만, 다른 면에서 보면 법칙성에 대한 의욕이 대단히 강한 데카르트·뉴턴주의 이론이었다는 사실이다. 진화론이라 할 수 있느냐 없느냐는 불분명하지만, 18세기의 뷔퐁·디드로·돌바크 등의 사고도 대단히 데카르트·뉴턴주의적인 색채가 짙고 그것을 이어받은 라마르크의 진화론도 최종법칙이라든가 물리화학법칙에 대한 지향이 강하다. 어떻게든 물리화학법칙에 준하는 진화론을 수립하고 싶어 했던 것이다.

　그런데 그러한 진화론의 시도가 성공을 거두지 못했기 때문에 다윈은 전혀 다른 타입의 진화론을 만들게 되었다.

　역으로 말하면 당시 물리나 화학 분야는 데카르트·뉴턴주의 전성시대였다는 점에서, 다윈의 진화론은 당시 전성기를 누리던 데카르트·뉴턴주의에 대한 일종의 안티테제 같은 함의도 지녔다고 할 수 있다.

2장_다윈주의란 뭔가

1. 『종의 기원』을 읽는다

윌리스와 다윈

자연선택설을 생각한 사람은 실은 다윈만이 아니었다. 알프레드 R. 윌리스A. Wallace라는 사람이 있다. 윌리스는 중류계급 이하의 가정에서 태어났는데 생물을 좋아하여 한때 표본 채집으로 생계를 꾸려 나가기도 했다. 그는 1858년에 채집지인 인도네시아의 테르나테Ternate섬에서 다윈에게 자연선택설에 대해 기술한 편지를 쓴 일로 유명하다.

최근 윌리스 연구가 니즈마 아키오新妻昭夫가 『종의 기원을 찾아서』種の起原をもとめて라는 책을 출판했다. 윌리스의 뒤를 줄곧 추적하여 말레이Malay군도에도 열 번이나 다녀왔다고 한다. 그의 책을 읽으면 윌리스에 대해 세세하게 쓰여 있어 대단히 흥미롭다.

윌리스는 기본적으로 다윈과 유사한 경험을 한다. 아마존에 가서 매일 곤충을 채집하였고 4년 뒤 배에 채집품을 전부 쌓아 돌아오다가 배에 불이 나 침몰되어 버린다. 배 주변에서 보트에 실려 표류하던 윌리스는 다른 배에 의해 구조되었다. 그때 그 다른 배도 실은 태풍이 와서 침몰될 뻔하지만 겨우 살아나 간신히 조국에 돌아온다.

그 뒤 런던에 1년 있은 뒤에 이번에는 또 8년짜리 말레이군도 모험을 기획했다. 그리하여 말레이군도에서도 곤충과 새 등 다양한 생물들을 다수 관찰하고 채집했다. 말레이군도는 섬이기 때문에 이웃 섬으로 가면 같은 종류의 생물이라도 미묘하게 차이가 났다. 그것은 다윈이 갈라파고스Galapagos군도에서 같은 종류의 생물이라도 섬마다 조금씩 차이가 난다는 것을 본 경험과 매우 닮았다.

그렇게 비슷한 경험을 쌓은 데다가 양자 모두 맬서스T. Malthus의 『인구론』An Essay on the Principle of Population을 읽었다는 공통점이 있었다. 당연한 얘기지만 둘은 모두 어린 시절부터 생물학자였다. 다윈도 어린 시절에 갑충류甲蟲類 표본을 모았다. 월리스도 곤충을 좋아했다. 이 두 사람이 거의 같은 시기에 자연선택설을 생각해 낸 것은 우연의 일치일지도 모르지만, 어쨌거나 대단히 흥미롭다.

월리스는 다윈보다 몇 살 적고 대단히 튼튼한 사람이었다. 월리스의 동생은 그의 뒤를 좇아 아마존에 갔지만 황열병으로 아마존에 간 지 1년만에 22세의 젊은 나이로 타계한다. "이토록 젊은 나이에 죽다니 슬퍼서 견딜 수가 없다"는 것이 마지막 말이었다고 하는데, 신께서는 그런 말을 듣고도 봐 주시지 않았던 것 같다.

월리스도 말라리아에 걸려 줄곧 시달렸지만 기본적으로 튼튼한 몸뚱아리를 갖고 있었다. 말라리아 정도로는 목숨을 잃지 않고 말레이군도에서 8년간이나 채집을 하였다. 그 과정에서 병에 걸리기도 하고 부상을 입기도 하는 등 상당히 비참한 상황이 이어졌다. 말레이군도에서 귀국할 때의 사진을 보면 깨깨 마른 망령 같은 얼굴을 하고 있다. 그래도 90세까지 장수했다고 하니까 정말 굉장한 사람이다. 결혼은 43세에 했다. "나는 43세 때 18세 정도 되는 어린 여자와 결혼했다"고 썼지만, 실은 18세가 아니라 20세의 젊은 부인이었다. 부인은 월리스가 죽은 후, 그의 뒤를 따르기나 하듯이 곧 타계해 버렸다.

그와 반대로 다윈은 비글호 항해에서 돌아온 뒤부터 병에 걸린다. 남미에서 침노린재에게 물린 것 때문에 생긴 샤가스병Chagas' disease이라는 설이 있다. 어쨌거나 죽 건강이 안 좋아서 끊임없이 고통을 호소했다. 몸 상태가 나빠서 다른 사람과 만날 수 없다든가 원고를 쓸 수 없다는 고통을 늘 호소했던 것 같다.

「변종이 원형에서 한없이 멀어지는 경향에 대하여」

다윈과 월리스는 비슷한 점도 많지만 다른 점도 꽤 많다.

월리스는 셀레베스Celebes섬 동쪽에 있는 테르나테섬이라는 작은 섬에서 말라리아로 인해 몽롱하던 때 자연선택설을 생각해 냈다고 한다. 말라리아는 머리를 좋게 하는 효과가 있다고 하는 사람도 있는데, 나는 실제로 걸려 본 일이 없어 놔서 잘 모르겠다.

월리스는 다윈에게 편지를 쓰는데, 동봉한 내용물은 물론 논문이었다. 「변종이 원형에서 한없이 멀어지는 경향에 대하여」라는 제목의 대단히 빼어난 논문이었다.

이 논문을 보면 자연선택설이라는 것이 무엇을 설명하려는 이론인지 전부 알 수 있다. 니즈마 아키오의 저서 가장 마지막 부분에 부록으로 5페이지 정도의 번역문이 실려 있다. 이것은 대단히 명쾌한 논문이다. 같은 내용을 다윈 같은 사람은 『종의 기원』처럼 두꺼운 책을 써서 설명했다는 것도 굉장히 재미있지만 사실, 이야기 자체는 매우 단순하다.

다윈은 상류계급 출신이었기 때문에 다양한 측면을 살피느라 그랬을 수도 있다. 자연선택설은 특히 신학에 대한 반론인지라 사람들이 무슨 소린지 좀 알기 힘들게 쓴 것일지도 모른다. 월리스는 딱히 잃어버릴 것도 없었고 배려할 필요도 없었기 때문에 깨끗이 쓸 수 있었을 것이다.

다윈의 부인은 도자기로 유명한 웨지우드가家 출생으로 웨지우드 2세의 딸 엠마 웨지우드E. Wedgwood다. 다윈은 그런 부인의 지참금으로 평생 먹고사는 데 어려움이 없었던 듯하다. 부러울 따름이다.

자연선택설에서 '분기'란?

그때까지는 줄곧 종은 고정적인 것이라고 여겨져 왔다. 설령 생물이 진화한다고 하더라도 한 생물이 두 종으로 나뉜다고는 생각지 못했다. 즉 분기라는 개념이 전혀 존재하지 않았던 것이다. 분기는 자연선택설이 나오자 비로소 등장한 개념으로, 생물이 둘로 나뉜다는 사고는 라마르크의 진화론에는 전혀 들어 있지 않았다.

왜 분기라는 사고가 등장했을까? 생물에는 다양한 변이가 있다. 예컨대 키가 큰 놈도 있지만 작은 놈도 있다. 변이 중에는 환경에 적응한 놈도 있지만 환경에 적응하지 못한 놈도 있다. 환경에 적응한 놈은 서서히 늘어가고 환경에 적응하지 못한 놈은 소멸되어 가기 때문에 환경이 변화하면 변이는 어떤 방향으로 쏠리게 된다.

예컨대 지금은 우연히 중간 키를 가진 사람이 유리하지만 키가 큰 사람이 유리한 환경으로 변화하면, 그 생물 집단은 키가 큰 쪽으로 서서히 쏠려 갈 것이다. 예컨대 우연히 같은 섬이 둘로 나뉘어져 버린 경우 당연히 두 섬 간에는 환경상의 차이가 발생한다. 그러면 변이는 서서히 차이가 커지면서 각각의 기후 등에 적응하여 서로 다른 생물로 되어 갈 가능성을 배제할 수 없다. 그러면 당연히 지리적 분기가 일어나 한 종에서 두 종으로 나뉘어질 것이다.

그러한 설을 제창한 것은 월리스와 다윈이 처음으로, 다른 어느 누구도 생각지 못했다. 이는 참으로 흥미로운 얘기다. 그때까지 종은 불변이라는 생각이 너무나도 강했다. 실념론(實念論 : 이데아론)[5], 즉 플라톤주의가 대단히 강하게 영향을 미쳤기 때문이다.

플라톤주의는 더 나아가 인간의 본질을 체현하고 있는 것이 인간이라고 생각한다. 하늘소의 본질을 체현하고 있는 것이 하늘소다. 그것을 이데아라고 부르든 자연의 질서라고 부르든 간에 어쨌든 본질이라는 것은 불변이기 때문에 본질인 것이다. 그것이 변치 않는 한은 인간은 언제까지나 인간이며 설령 변했다 해도 인간의 본질은 계속 유지되고 있다고 본다. 본질이 유지되는 한에서의 변환일 뿐인 것이다. 그러니까 전혀 다른 종으로 점점 나뉘어져 간다는 식의 얘기는 실념론적인 사고방식, 본질주의적인 사고방식과는 전혀 동떨어진 사고방식이다.

그리스의 철인들도 제창한 일이 없었다

분기라는 것은 데카르트·뉴턴적 사고방식이나 신학적 사고방식은 물론 일반인들의 사고방식에도 전혀 없는 사고방식이었다. 근대 이전의 사람들에게 세계는 반복이니까 애시당초 진화라든가 진보 같은 사고방식 자체가 없었다.

그것이 바로 다윈적 진화론이 19세기 중반 무렵까지 출현하지 못했던 원인의 하나다. 오늘날 거의 모든 사람들이 당연시하는 사고방식이

---

5) 중세에 벌어진 보편 논쟁의 한 입장으로 '관념실재론'이라고도 한다. '인간', '개', '원숭이' 같은 명사에 각각 대응하는 개념적 보편자 '인간', '개', '원숭이'가 그 보편에 속하는 구체적 개체들과는 별도로, 그 자체로서 실재한다고 보는 입장이다. —옮긴이

19세기 중반까지도 출현하지 않았다는 것은 참으로 불가사의한 일이다.

인간은 다양한 생각을 하지만, 대부분의 맹아는 대체로 그리스 철학에 등장하지 않았나 싶다. 대부분의 사고방식은 이론의 정교함 여부를 문제 삼지 않는다면, 대체로 그리스 철인들 중 누군가가 말한 것이다.

원자론도 그 옛날 데모크리토스가 제창했다고 한다. 모두 고대 그리스로 귀착되는데 자연선택설만은 그리스의 철인들도 제창한 일이 없었다. 그런 의미에서 진화론의 등장은 인간의 감성이 19세기 중반에 크게 변화했다는 하나의 표현이라고 보아야 할 것이다.

산업혁명에 의해 세계경제가 크게 발달하고 세계가 급속히 변화하는 것이 자명한 전제가 된 사정이 컸을 것이다. 그러나 다윈주의가 받아들여졌다고 해도 자연선택설을 비롯, 다윈이 생각한 진화론의 핵심이 진정한 의미에서 일반인들에게 받아들여진 것은 아닌 듯하다.

그보다는 획득형질의 유전을 포함한 진보사상이 당시 사람들에게 받아들여졌을 뿐이라는 사실이 그후 다양한 과학사가들의 상세한 연구를 통해 대략적으로 드러났다. 다윈주의가 진정으로 이해되는 것은 실은 1930년대 정도부터다.

2. '생물' 과 '진화' 의 동어반복

진화론의 핵심

다윈 진화론의 핵심은 대단히 단순한 이야기다.

1. 우선 생물은 변이한다. 다음으로 변이 중 몇 가지는 유전한다. 이것이 전제다.

2. 나아가 적응적 변이를 갖고 있는 것은 서서히 자손을 늘리고, 비적응적인 것은 서서히 자손이 줄어든다.

3. 그 결과로 생물 집단 내에 적응적인 변이를 가진 것이 서서히 많아지고, 마침내는 원 집단으로부터 아주 많이 떨어져 버리는 일도 있을 수 있다.

이를 촉진하는 하나의 큰 원인은 생물이 자식을 많이 낳는다는 사실이다. 성체가 되는 수보다 많은 자식을 낳으므로 변이가 선택되어 가는 것이다. 예컨대 무한집단이었다면 절대로 그런 일은 일어날 수 없다. 무한하다면 아무리 선택되어도 무한하니까 변이의 폭에 변화가 없기 때문이다.

극단적인 예를 들어 보자. 수학에서 정수는 홀수와 짝수 두 종류로 나뉜다. 홀수와 짝수 각각의 개수는 직감적으로 동일하다. 홀수나 짝수 어느 쪽을 아무리 없애도 쌍방 모두 무한하니까 총수는 전적으로 동일하다. 아무리 많은 짝수를 없애도 짝수나 홀수 모두 무한개로 동일하다.

이와 달리 유한한 경우에는 없애면 없앤 만큼 비율이 변화한다. 생물은 유한집단이고 그 중 극히 일부밖에 살아남지 못하기 때문에, 당연히 유리한 생물은 점점 더 많이 살아남고, 불리한 생물은 점점 더 줄어들게 되는 것이다.

월리스와 다윈 두 사람 모두 맬서스의 『인구론』을 읽었다. 맬서스에 따르면 인구는 등비수열적으로 늘지만 자원은 등차수열적으로밖에 늘지 않는다.[6] 그렇게 되면 마지막에는 식량부족에 빠져 결국 자연도태로

---

6) 맬서스를 인용할 때 흔히 '등비수열'을 '기하급수'로, '등차수열'을 '산술급수'로 번역하는데 이는 오역이다. 한국과 일본 공히 이 오역이 아직까지 반복되고 있다. ─옮긴이

인해 강한 자가 생존하고 약한 자는 죽는다.

그러한 이야기를 생물에게 적용해 보았다. 생물의 수가 점점 늘어나다 보면 전부 살아남을 수는 없으므로, 환경에 적응한 생물만이 살아남고 약한 생물은 죽게 되는 것이다.

통계역학적인 이야기

그러나 일견 당연해 보이는 이 논리가 조금 더 생각을 해보면 어딘가 이상하다는 느낌도 든다. 사람들이 보통 거기에서 읽어 낸 것은 그 당시의 자본주의 사상 혹은 열강들이 연출해 내는 약육강식의 모습이었다. 약한 사람이 죽고 강한 사람이 살아남는 것은 당연하다고 하면 당연하다. 실제로 다윈주의는 미국 일대의 자본주의의 신흥계급들에게 크게 인기를 끌었다. 그 이유는 작은 회사들을 계속 큰 회사로 흡수해 가는 자신들의 행동방식을 정당화하는 하나의 논리로 이용할 수 있었기 때문이다.

또한 다윈 자신도 유전적 부동 같은 것을 생각했다는 대목도 찾아볼 수 있다. 즉 다윈은 우연에 의해 생물의 변이가 정착되는 일이 있을 수도 있다고 생각한 것이다. 그것도 또한 당연한 이야기다.

교통사고를 당했을 때 죽을지 살지는 적응적이냐 적응적이지 못하냐와는 관계가 없다. 비행기사고도 마찬가지다. 아무리 환경에 적응해도 어떤 형편이나 사건으로 인해 우연히 사망할 가능성은 늘 상존한다. 생물이 유합집단인 한, 우연히 변이가 어느 한쪽으로 쏠릴 가능성은 늘 있다.

변이가 있고 그 변이가 유전되며 생물이 많이 태어나 그 중 극히 일부가 살아남는다는 패턴으로 생물이 살고 있는 것이라면, 생물의 집단은 반드시 어떤 평균치로부터 다른 평균치로 변하게 되어 있다. 이는 불가피한 일이다. 이는 결정론적인 이야기가 아니라 통계역학적인 이야기이다.

이런 과정이 계속 이어지면 시간이 흐름에 따라 생물의 변이는 결국 원래의 집단으로부터 멀어질 수밖에 없다. 결국 생물이라는 성질만 있으면 모든 존재는 같은 형태로부터의 일탈을 면할 길이 없다.

그 일탈을 강력히 추진하는 것이 자연선택이다.

자연선택이라는 개념을 도입하면, 환경에 변화가 있을 경우 자연선택이 변이의 방향을 어느 쪽인가로 끌어당긴다고 생각할 수 있다.

예를 들어 기린의 목이 길어진 것은, 키 큰 나무가 많이 자라고 있는 곳에서는 목이 긴 기린 쪽이 유리하니까 그런 놈이 많이 살아남았다고 생각해 볼 수 있다. 어떤 특정한 형질이 꼭 유리하다고는 할 수 없을지라도, 시간이 흐르다 보면 언젠가는 변이가 어느 한쪽으로 몰릴 수밖에 없다. 그렇게 보면 생물이라는 것과 진화한다는 것은 동일한 것, 즉 동어반복tautology이 아닌가.

나는 다윈을 비난하려고 이렇게 말하는 게 아니다. 바로 이 점을 발견한 것이 실은 다윈의 공적功績이라고 말하고 싶은 것이다. 다윈 혹은 월리스는 생물이라는 성질을 가진 것은 당연히 진화하는 존재임을 발견한 최초의 사람이었다.

그것은 기존에는 없었던 이론으로 실은 통계역학적인 사고방식이다. 유한한 수의 개체들이 생사를 거듭하면서 오랜 기간이 흐르면 반드시 진화가 발생하는 것이다. 통계역학 이야기가 나온 시점이 19세기 말임을 고려해 볼 때, 그런 생각을 19세기 중반에 제창하였으니 두 사람은 실로 시대를 앞서 나갔다고 할 수 있다.

마이어E. Mayr라는 신다윈주의의 거물이 유서처럼 쓴 것으로 보이는

『다윈 진화론의 현재』*Darwin's theory today*라는 책의 일역판이 이와나미서점에서 출판되었다. 거기서 그가 바로 이 점을 약간 언급하고 있다.

나도 1989년에 쓴 『구조주의와 진화론』構造主義と進化論에서 이 점을 강하게 주장한 바 있다. 그러한 의미에서 볼 때 다윈의 진화론은 결정론적인 것이 아니라 통계역학적인 것이며, 요즘은 이런 관점이 상당히 상식화되어 있기도 하다. 하지만 지금으로부터 20년쯤 전까지만 해도 다윈주의는 결정론적인 것이며 뉴턴역학적인 이론이라는 설이 압도적으로 주류였다.

'변이'의 원인은 설명할 수 없지만 '변화하는 것'의 원인은 설명할 수 있다

요컨대 자연선택이라는 것은 환경에 의해 적응적인 방향으로 끌려간다는 얘기니까 일종의 결정론이라고 생각되었던 것이다.

예를 들어 목이 긴 쪽이 유리한 상황이 되면 반드시 목이 길어진다는 것이나 독나비와 닮을수록 유리한 상황이 되면 반드시 독나비의 형태를 띠어 간다고 생각하는 것은 일종의 결정론이므로, 뉴턴역학적이라고 생각되었던 것이다. 확실히 자연선택의 그 부분만을 보면 그렇게 보이기도 한다. 하지만 더 큰 문맥 안에서 다윈의 설을 살펴 보면 그것은 결정론적인 게 아니라 통계역학적인 것이다.

그런 의미에서는 훗날의 물리학을 선취했다고도 할 수 있는데, 이는 대단히 진귀한 사례다. 물리학이나 화학이 가장 최초로 베이직 이론을 형성하고 그것을 지학地學이나 생물학이 응용하는 것이 일반적인 흐름이다. 그러나 다윈의 진화론에 있어서는 다윈의 집단주의적인 혹은 통계역학적인 사고 쪽이 물리학보다 빨랐다. 이는 대단히 흥미로운 현상이다.

다만 다윈은 변이의 원인에 대해서는 전혀 이해하지 못했다. 하지만 변이의 원인을 알 수 없어도 다윈의 진화론에는 지장이 없었다. 변이가 유전된다는 것만 알면 되었고 어떠한 원인이 변이를 일으키는가는 몰라도 되었다.

변이란 형질과 관련된 말이다. 진화론은 형질이 시간과 함께 서서히 변화한다는 학설이라고 바꿔 말할 수도 있다. 형질이 생기는 원인을 알 수 없어도 형질이 서서히 변화하는 것에 관한 논리는 세울 수 있었으니 이 또한 기묘한 얘기다.

무릇 엄밀한 과학이라면, 어떤 것의 원인을 알 수 없는 경우에는 그것이 변화하는 원인 또한 알 수 없을 터이다. 그런데 다윈의 진화론은 형질을 만드는 원인은 몰라도 형질이 변화하는 논리는 알 수 있다는 이야기니까, 무슨 교묘한 사기에 걸려든 듯한 느낌마저 든다.

그러나 그 나름의 논리가 있었다는 점에서, 다윈 진화론의 대단히 흥미로운 대목을 엿볼 수 있다.

『종의 기원』은 애매한 책의 견본

또한 다윈은 용불용설도 믿고 있었다. 멘델을 몰랐으니까 올바른 유전학 지식이 없었던 것이다. 대신 다윈은 판게네시스Pangenesis, 凡生說라는 좀 이상한 이론을 만들어 유전에 대해서도 자기 나름대로의 생각을 갖고 있었다.

판게네시스는 용불용설을 옹호하는 이론이다. 그러므로 현재는 다윈주의자들이 이것을 별로 언급하고 싶어 하지 않는다. 왜냐하면 그것은 다윈을 깎아내리는 셈이 되기 때문이다.

판게네시스는 좀 이상한 논리인데, 제뮬(자기증식입자)이라는 것을 상정하여 그것이 몸속에 가득 있다고 본다.

제뮬은 어떤 기관에 있는데 거기서 획득한 정보를 가득 담아 몸속을 돌고 돌아 생식질로 모여든다. 그 생식질을 통해 획득형질이 다음 세대로 유전되어 제뮬은 또 다음 세대의 몸속에 퍼지며 거기서 획득한 형질의 정보를 붙잡아 또 생식질에 모이고 자식에게 또 전달된다. 이와 같은 획득형질의 유전을 추진하는 메커니즘이 판게네시스라는 기묘한 이론의 골자다.

다윈은 자연선택설만을 생각하고 올바른 이론만을 만들었던 것처럼 간주되곤 하지만, 다윈 자신은 매우 다양한 생각을 했으며 그 중 반쯤은 틀렸거나 엉터리였다. 물론 주된 생각은 자연선택설이다. 또한 유전적 부동과 같은 생각도 했던 것으로 보인다.

다윈의 『종의 기원』을 읽으면 대단히 다의적이고 어떻게도 해석될 수 있는 이야기가 많이 나온다. 그걸 후세인들이 대단히 호의적으로 해석하면 다윈은 뭐든지 알고 있었던 사람이 되지만, 호의적으로 해석하지 않으면 『종의 기원』은 무엇을 말하고 있는지 잘 알 수 없는 책이 되기도 한다.

요즘은 논문을 쓸 때 요점만 알기 쉽게 기재하여 가능한 한 명료하고 체계적으로 써야 한다는 해설서가 다수 출판되어 있다. 그런 지도서들에 비춰 보면 『종의 기원』은 악문惡文의 견본이다. 뭘 쓴 건지 잘 알 수가 없다.

나는 논문 쓰는 방법을 학생들에게 가르칠 때 학회의 논문심사를 통과하기 위해서는 모범적으로, 명료하게 써야만 한다고 말한다. 그러나 사실 후세에 남는 것은 다윈이 썼듯이 무슨 소린지 알 듯 모를 듯한 글이라고도 말한다. 명료한 것은 보통 그리 오래 살아남지 못한다.

그 대표가 바로 월리스의 논문이다. 월리스의 논문은 명료하고 깔끔하게 쓰여 있다. 그러나 그것은 결국 후세에 남지 못하고 다윈이 쓴 알 듯 모를 듯한 『종의 기원』이 남았다는 것, 이것이 바로 역사다.

알 듯 모를 듯한 것은 뭔가 다른 사람의 해석을 북돋는 바가 있다. 다양한 해석의 여지가 있다. 그러나 명료한 것은 분명하게 쓰여 있으니까 다양한 해석의 여지가 없다. 그러한 의미에서 다윈은 행운의 사나이가 아니었을까?

과학이론으로서의 결정적 결점

다윈의 이론 속으로 좀더 상세히 들어가 보면 굉장히 요상한 이론임을 알게 된다.

그것은 형질의 원인을 모른다는 사실과도 관련이 있는데, 다윈의 이론에 따르면 생물은 형태가 변해 간다는 것은 확실히 알 수 있다. 그러므로 1만 년 정도 지나면 생물의 형태가 확실히 변할 거라고 예측할 수 있다.

그러나 다윈의 이론에서는 어떤 형태로 변할지를 절대로 알 수 없다. 최소한 어떤 형태로는 되지 않는다는 것은 더더욱 알 수가 없다. 이는 과학이론으로서는 상당히 결정적인 결점이다.

포퍼K. Popper는 "과학이론은 금지사항이 많으면 많을수록 좋은 이론"이라고 목 놓아 주장했다. "이렇게 될 거야"라고 예상하는 것도 과학이지만, "이렇게는 안 된다, 저렇게는 안 된다, 그렇게는 안 된다"라는 사항이 많으면 많을수록 반증절차가 간단해진다. 들어맞지 않는 일이 발생하면 이론이 틀렸다는 걸 금세 알 수 있기 때문이다. "반증이 불가능한 이론은 과학이론이 아니다"라는 것이 포퍼의 생각이다.

"내일은 비가 내릴지 안 내릴지 둘 중 하나일 거예요"라는 것은 당연한 얘기로서 절대로 올바른 언명이지만 과학이론은 아니다. 절대로 올바른 이론(항진명제, tautology)은 과학이 아니다. 반증이 불가능한 이론도 안 된다. "세계는 신이 만들었다"라는 이론은 반증불가능하니까 옳은지 그른지 알 수가 없다. 그러니까 이 이론도 과학이 아니다.

여담이지만 제2차 세계대전 전 포퍼가 가장 격렬하게 공격하려고 한 것은 실은 맑스주의였다. 맑스주의는 반증 불가능한 이론이기 때문에 형편없는 이론이라고 공격할 생각이었던 것이다. 그러나 세계가 마침 파시즘 시기에 돌입했고 맑스주의를 공격하는 것은 전세계적인 관점에서 볼 때 별로 득될 게 없다고 판단하여 그리 격렬하게 공격하지는 않았다.

포퍼는 바로 얼마 전[1994년]에 타계했는데, 그는 다윈주의를 반증불능의 학설이라고 해서 처음에는 심하게 비난한다. 그러나 자신의 반증주의 학설도 실은 반증불능임을 알아차리고 마지막에는 다윈주의에 대한 공격을 그쳤다.

포퍼의 이론도 실은 반증불능의 학설이다. 그런 의미에서는 다윈주의와 동형의 구조를 갖고 있지만, 이런 식으로 이야기를 계속 진전시키면 과학론 쪽으로 흘러 버리니까 이쯤 해두기로 하자.

예측가능성이 없다

이론 자체에 금지사항이 없다는 것은 법칙성의 결여와 관계가 있다. 어떤 법칙들이 있어 그 법칙하에서 생물의 형태가 진화하는 것이라면 그 법칙에서 벗어난 형태는 불가능하다는 금지사항이 생긴다.

과학이론은 법칙 같은 어떤 동일성을 기술하지 않으면 안 된다. 다윈의 논리는 과학이론임에 틀림없지만, 그 동일성이 매우 추상적인 레벨에만 있는 것이다. 개체를 구성한다든가 물질을 구성한다든가 하는 레벨의 동일성이 아니었던 것이다.

다윈의 진화론은 예를 들어 번식이라든가, 죽는다든가, 개체수 혹은 변이 같은 그런 것만으로 기술되어 있다. 변이 · 번식 · 개체수 등은 모두 구체적인 게 들어 있지 않은 추상개념이다. 추상개념만으로 구성되는 과학이론은 예측하기가 무척 곤란하다.

이론 안에 개체가 들어오면 갑자기 예측이 가능해진다.

예를 들어 케플러의 법칙Kepler's laws은 완전한 예측가능성을 갖고 있다. 어떤 행성이 이러이러하게 운동한다는 것은 확실히 정해져 있다. 그와 달리 시종일관 추상적인 말에 의한 관계성밖에 없는 이론은 말과 말의 관계성에 불과하다.

A라는 물질과 B라는 물질이 어떻게 결부되는가를 예로 들어 보자. 물질이라는 것은 외연이 확정된 것, 시각적으로 포착할 수 있는 것, 관찰가능한 것이므로 법칙을 세우고 관계성이 정해지면 예측이 가능해진다.

그러나 다윈의 논리는, 예를 들어 인간과 다른 동물의 관계는 구체적으로 어떻게 되어 있다는 식의 이야기가 아니기 때문에 결국 어떻게 될지 알 수가 없다.

다윈의 논리는 변이와 유전과 적응이라는 말들 사이의 관계이기 때문에, 그것은 외연이 정해진 현상이 아니다. '적응'은 추상명사라서 구체적인 사물이나 생물과 대응되지 않는다.

그런 의미에서 다윈의 진화론은 본래 예측가능성을 갖추고 있지 못했다. 따라서 예측가능성을 과학이론의 조건 중 하나라고 생각한다면, 다윈의 진화론은 극히 조잡한 이론이 되고 만다.

다만 여기에는 반론도 있다. 생물은 본래 예측 불가능한 것이므로 다윈의 이론 정도로 충분하다고 보는 것이다. 진화 이론은 본래 그렇게밖에 구축될 수 없다는 생각도 한편에서는 있는 것이다. 이 문제를 어떻게 볼지는 구조주의진화론과도 엮어 상세히 논할 필요가 있다.

의태는 획득형질이 아니다

다윈은 획득형질 유전설을 인정했지만 획득형질의 유전은 다윈이 죽고 난 얼마 뒤 인정받지 못하게 된다.

거기에는 의태가 중요한 역할을 했다. 의태는 초기의 다윈주의를 뒷받침한 하나의 중요한 현상이었다. 다윈주의로 극히 잘 설명되는 예였던 것이다.

예를 들어 한편에 독나비가 있고 다른 한편에는 독 없는 나비가 있다고 하자. 독 없는 나비에게 약간 돌연변이가 발생하여 독나비를 닮는다. 그렇게 되면 닮은 것은 닮지 않는 것에 비해 유리하므로, 조금이나마 새에게 잡아먹힐 확률이 줄어든다.

그 결과 독나비를 닮은 독 없는 나비의 개체수가 서서히 증가하는데, 그 중에서 다시 돌연변이가 일어나 원래의 모습으로 돌아가 버린 것은 천적의 먹이가 되고, 조금이라도 독나비를 닮은 것은 더욱 유리해져서 생명을 잃을 위험으로부터 조금이라도 벗어날 수 있게 된다.

그러나 나비의 날개라는 것은 나비 자신이 열심히 노력을 한다고 해서 독나비와 닮을 수는 없는 것이다. 태어났을 때 이미 날개의 얼룩무늬가 정해져 있기 때문이다.

이는 너무나도 명쾌한 사실이다. 독나비를 닮느냐 닮지 않느냐는 선천적으로 결정되어 있다. '저 독나비를 닮고 싶다'고 생각하며 날다 보면 날개 모양이나 얼룩무늬가 점점 독나비와 비슷해져 가는 따위의 일은 일어나지 않는다. 적어도 얼룩무늬는 나비가 노력을 해서 획득하는 그런 것이 아니다.

그러니까 의태가 다원주의를 뒷받침하는 하나의 유력한 현상이 된 단계에서 획득형질 유전설은 다원주의로부터 배제될 필요가 있었던 것이다. 그후 신다원주의의 발전에 있어서도 획득형질 유전설은 이론계열로부터 전부 제외된다. 비록 다윈 자신은 그것을 믿었지만 결국에는 다원주의의 계열로부터 떨어져 나가게 되는 하나의 큰 학설이 되고 만 것이다.

신라마르크주의

획득형질 유전설을 옹호하는 사람들은 신라마르크주의를 정립하여 다원주의에 대항하는 이론으로 삼았다. 신라마르크주의는 전후 구 소련에서 한때 주류 이론이 되기도 했다.

리센코T. Lysenko라는 학자가 정치권력을 틀어쥐고 획득형질 유전설을 주장하면서, 반대하는 학자들을 숙청한 것이다. 그러나 이것은 생물학상의 에피소드라기보다 오히려 소련 정치사의 에피소드라 해야 할 것이다.

이와 달리 유럽에서는 20세기 이후, 라마르크주의가 주류가 되는 일은 끝내 없었다. 유일한 예외는 19세기 종반 무렵, 미국에서 정향진화설이 유행하고 코프라는 학자가 등장했을 때다.

고생물의 화석을 보면 생물은 점점 어떤 방향으로 향하여 진화하고 있다는 경향이 보인다. 그는 고생물학자니까 정향진화를 생각하는 것도 무리가 아니었다.

그후에도 캄메러P. Kammerer나 앞서 등장했던 스틸 등의 신다윈주의자들이 산발적으로 나타났지만 학계의 인정을 받는 일은 끝내 없었다.

3. 멘델의 재발견

혼합유전설

다윈은 1882년에 사망하고 18년 뒤인 1900년에 '멘델의 법칙'이 재발견된다.

멘델은 1865년에 유전 법칙을 발표하고 다음 해인 1866년 「식물 잡종 연구」라는 논문을 쓴다. 『브루노 자연연구회 회지』라는 지방의 작은 잡지에 발표되었기 때문에 거의 누구에게도 주목 받지 못했다.

멘델은 그 당시에 가장 유력한 유전학자였던 네겔리K. Näeli에게 인정받고자 자신의 논문을 보냈다. 그가 개인적으로 논문을 보낸 것은 네겔리를 포함하여 몇 명밖에 되지 않았다. 그러나 네겔리는 완전히 무시했다.

그 무렵은 혼합유전설이라는 학설이 유행하고 있었다.

혼합유전설이란 아버지와 어머니의 유전형질이 섞여 자식이 생겨난다는 설이다. 이는 이론이라고는 하지만 사실 당연한 얘기다. 반은 아버지를 닮고 반은 어머니를 닮는다는 것은 누구나 알고 있는 얘기다.

하지만 혼합되어 간다고 하는 논리는 몇 가지 번거로운 문제를 야기한다.

우선 교배할 때마다 섞인다면 생물은 점점 균일해져 갈 것이다. 따라서 변이가 없어져 갈 수밖에 없다. 그런데 그와 달리 변이가 없어지지 않는 까닭은 왜일까, 이것은 커다란 문제였다.

이는 내가 어렸을 적에 팔레트를 쓰던 방식과 유사하다. 나는 어렸을 때 미술 시간을 아주 싫어했기 때문에 귀찮은 나머지 팔레트를 씻지 않았다. 팔레트는 씻어 가며 사용해야 한다는 걸 알지 못한 채, 쓰던 팔레트 위에 또 다른 색을 비비고 또 다른 색을 얹고 했다. 점점 섞이다 보니 결국에는 원색이 없어지고 전부 더러운 색이 되어 그런 팔레트로는 아무리 다양하게 그림을 그리려 해도 다른 색이 잘 나오지 않아 결국 더러운 갈색 톤이 지배하게 되었다.

그와 마찬가지로 계속 섞어 가다 보면 점점 균일해져 버린다. 그럼에도 불구하고 왜 변이가 보존되는가 하는 문제는 좀체로 해결되지 않았다. 다윈도 처음에는 혼합유전설을 믿었던 것으로 보이는 대목들이 남아 있다. 그는 나중에, 조금 전에 말한 판게네시스라는 논리를 수립했는데, 혼합유전설을 믿는 상태에서 다양성이 보존되는 이론이 되기 위해서는 돌연변이가 계속 일어난다고 생각해야 한다.

한편으로는 혼합되어 균일해지려 하는 힘이 작동한다. 그 힘을 제지하고 어딘가에서 다양성을 담보하기 위해서는 변이를 계속해서 일으켜야만 한다. 팔레트의 예를 다시 들자면 변이를 일으켜 새로운 원색을 확보해야만 하는 것이다.

예컨대 지금까지 존재하지 않았던 은색을 사 온다고 해보자. 어렸을 때 내 주위에는 32색 들이 크레파스를 갖고 있는 아이도 있었다. 내게는 6색 들이 크레파스밖에 없었기 때문에 부러운 마음이 들었었는데, 그런 식으로 변이를 일으킬 수 있었다면 좋았을 것이다.

변이를 많이 일으키면 변이의 수가 많아지기 때문에 자연선택의 속도도 빨라진다. 변이가 없으면 자연선택도 일어날 방법이 없다. 말하자면 돌연변이가 거의 일어나지 않든가 변이가 거의 없는 생물의 경우라면 선택을 할 도리가 없다.

그렇지만 혼합유전설의 틀 안에서는 어떤 변이가 일어난다 해도 결국 큰 바닷속의 잉크 한 방울처럼 섞이는 과정에서 사라져 간다. 그런저런 문제가 있었지만 멘델 유전학에 대해 모르는 상황이었으니, 결국 다윈은 자연선택설 속에 획득형질 유전설을 끼워 넣지 않을 수 없었다.

완두콩의 행운

멘델은 변이를 '엘레멘트'(요소)라는 실체 같은 것으로 환원할 수 있다고 주장했다. 한마디로 말해서 혼합유전설을 부정한 것이다.

멘델이 완두콩을 실험재료로 선택한 것은 주지의 사실이다. 그는 우연히 완두콩을 고른 것일 테지만, 그게 실은 현명한 선택이었다.

그가 선택한 형질들은 모두 서로 다른 염색체에 담겨 있든가, 같은 염색체에 담겨 있어도 거리가 멀었다. 거의 독립적으로 유전되는 형질이었던 셈이다. 같은 염색체의 근거리에 담겨 있으면 연쇄로 인해 함께 유전되게 된다. 독립의 법칙이 일견 성립되지 않기 때문에 상황이 골치 아파진다.

그가 선택한 것은 크기나 색깔, 주름 등 일곱 가지 형질이었는데, 이렇게 우연히 고른 형질들이 마침 독립적으로 유전하는 염색체 위치에 각각 들어 있었던 것이다. 모두 독립적으로 유전하는 것들이라 멘델의 유전학설을 실증하기에 대단히 안성맞춤인 형질이었다. 그러나 이것은 극히 예외적인 행운이었다.

네겔리는 더 복잡기괴한 유전현상을 일으키는 다른 식물을 연구하고 있었다. 그의 방식대로 상황을 설정하면 멘델의 유전법칙으로는 전혀 설명할 수가 없다. 오늘날이라면 연쇄라든가 교차, 교차율 등이 모두

멘델의 실험 모식도

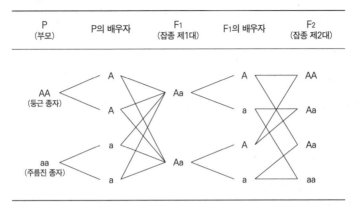

P (부모)	P의 배우자	F₁ (잡종 제1대)	F₁의 배우자	F₂ (잡종 제2대)

혼합유전설을 배제한 멘델은 형질의 원인으로서 엘레멘트라는 실체를 상정, 현대 유전학의 시조가 되었다.

밝혀져서 설명할 수 있는 경우지만 말이다.

당시 네겔리의 눈에는 멘델이 한 실험이 극히 특수한 예외로 비춰졌다.

그래서 네겔리는 멘델에게 "당신이 하고 있는 작업은 그 자체로는 옳을지도 모르지만, 좀더 복잡한 유전현상들의 경우 당신의 논리로는 설명이 안 됩니다. 그런 현상들에 대해서도 연구해 보시기 바랍니다"라고 편지를 써 보냈다. 하지만 그것은 어려운 과업이어서 멘델도 어찌할 도리가 없었다.

멘델의 만년은 매우 다망했다. 특히 마지막 시기에는 수도원 원장에 취임하는데 수도원에 세금을 부과하겠다고 주장하는 오스트리아 정부와의 투쟁 관계에 돌입하면서 그의 생애도 서서히 저물어 갔다.

멘델이 자신의 이론을 확신하기는 했겠지만, 자신이 이토록 유명해지리라고는 생각지 못했을 것이다. 멘델의 이름이 일본의 고등학교 교과서에 게재되고 일본의 대학수험생 중에 생물을 선택하는 학생들이 전부 멘델의 이름을 알게 될 정도로까지 유명해지리라고는 생각도 못했을 것이다.

반면 다윈은 틀림없이 자신이 유명해질 것이라 생각했다. 멘델이 1866년에 논문을 썼을 때 다윈은 멘델의 이론은 물론 멘델 자체에 대해서도 알지 못했다.

변이의 원인이 되는 입자

멘델의 이론은 하나의 변이가 하나의 실체에 대응한다는 이야기로, 꽤나 단순하고 명쾌한 이론이다. 일종의 플라톤주의라고 할 수 있다. 어떤 형질에 대응하는 (형질과는 다른) 본질이 있고 그것은 물론 그 개체 안에 들어 있지만, 그것이 다음 세대로까지 유전되어 간다. 엘레멘트란 플라톤의 이데아와 같은 것이다. 엘레멘트는 훗날 유전자라고 불리게 된다.

예컨대 암수 간에 생식이 이뤄졌을 경우 그 자손과 부모는 어떤 관계가 되는 걸까 생각할 적에, 멘델 이전에는 양친으로부터 온 액체 같은 것이 섞여 있을 것이라고 보았던 반면, 멘델은 구슬 같은 것들이 꿰어지는 것이라고 보게 된 것이다. 여러 가지 구슬들이 섞여 꿰어져 있는 것을 멀리서 보면 중간색처럼 보일 테지만, 하나하나 따로 보면 입자들이기 때문에 그것들을 세세히 나눠 볼 수도 있는 것이다.

예를 들어 A라는 형질의 원인이 되는 엘레멘트와 B라는 형질의 원인이 되는 엘레멘트를 섞으면 AB가 생기고, 다음으로 A라는 엘레멘트와 B라는 엘레멘트가 나뉘어 각각 움직이기 때문에 엘레멘트 즉 변이의 원인은 언제나 섞이지 않고 늘 불변이라고 생각한 것이다.

불변이라는 것은 과학에 있어서 대단히 중요한 측면이다. 멘델이 변이의 원인에 어떤 불변의 입자를 상정함으로써 유전학은 소위 과학이 되었다. 변이의 원인이 무엇인지 모르고서는 과학이 될 수 없다. 이는 극히 중요한 문제였다.

멘델 유전학은 20세기 초엽의 생물학계를 석권하는데, 그것은 동일성을 담보했다는 점에 크게 기인하고 있다. 불변의 동일성은 기호화할 수 있다. 기호화할 수 있는 것은 다른 말로 하자면 수식화할 수 있다는 말이다. 수식화가 가능해지면 아무리 세세한 이야기도 할 수 있게 된다. 이것은 신다윈주의가 주류가 된 하나의 원인이기도 하다.

그런데 초기의 멘델주의는 다윈주의에 있어서 대단히 껄끄러운 것이었다. 멘델주의는 다윈주의의 자연선택설에 있어서 하나의 커다란 귀결인 점진주의에 반하는 것으로 여겨졌기 때문이다.

다윈은 변이라는 것이 연속적이라고 보았다. 그러니까 조금 변하고 그 다음에 또 조금 변하는 식으로 계속 나아간다. 신장의 경우라면 아주 조금 커지고 그것이 또 조금 커져 가는 방식을 다윈은 생각했다.

그런데 멘델이라면 예컨대 완두콩에는 키가 큰 놈과 키가 작은 놈이 존재한다. 그것 말고는 존재하지 않고 따라서 중간은 없다. 그렇다면 이것은 점진설이 아니다. 갑자기 변화하는 것이니까 굳이 서서히 진화할 필요는 없다. 그러므로 유전자 한 개가 갑자기 변화하여 새로운 형질이 형성되면 진화는 일어나 버린다. 거기에는 자연선택이 끼어들 여지가 없다.

진화의 돌연변이설

멘델의 이론은 드브리스H. de Vries, 코렌스K. Correns, 체르마크E. Tschermark 이렇게 세 학자에 의해 재발견되었다고들 한다. 그러나 오늘날의 과학사가들 말에 따르면, 코렌스만이 재발견자고 나머지 두 사람은 표절한 것일 수도 있다고 한다. 사람에 따라서는 드브리스도 재발견자의 한 사람으로 꼽기도 하지만 그거 좀 믿기 힘든 얘기라고 보는 사람도 있다.

드브리스는 특히 멘델주의에서 말하는 갑작스러운 변화라는 측면에 주목하여 돌연변이설을 제창한다. 드브리스는 큰달맞이꽃을 연구하고 있었다. 큰달맞이꽃은 염색체가 중복 배수화된다. 배수화되면 배수화된 것만 소위 종 비슷한 것이 되어 다른 것과는 교배하지 않게 된다.

그러므로 단 한 차례의 돌연변이로 갑자기 새로운 종이 생겨 버린다. 갑작스레 그런 돌연변이가 생기면 그것이 새로운 종이 되어 이제 그것들 안에서만 임성稔性을 획득하고 다른 것과는 불임이 되기 때문에 결과적으로 하나의 종이 생기는 것이다.

식물에는 이런 일들이 왕왕 발생한다. 돌연변이가 한번 일어나면 그것으로 새로운 종이 생겨나기 때문에 종 형성은 자연선택과는 하등의 관계가 없는 셈이다. 자연계에서 특수한 교잡이 일어난다든가 특수한 거대 돌연변이가 발생했을 경우에, 그 자체로 새로운 종이 생긴다고 한다면 따로 자연선택 같은 것은 필요가 없다.

따라서 점진설을 옹호하는 다윈의 진화론 같은 것은 따로 필요치 않게 되는 거 아니냐는 이야기다. 때는 20세기의 초엽, 신라마르크주의도 아직 커다란 세력으로 남아 있었기 때문에 결국 신라마르크주의, 다윈의 자연선택설, 그리고 돌연변이설이 말하자면 병렬적인 설이었던 것이다.

내가 중학교에 다니던 시절, 교과서에 진화에 관한 이론이 기재되어 있었는데 거기에는 자연선택설, 돌연변이설, 격리설 등이 병렬적으로 존재하고 있었다. 그것은 그 시절의 자취라고 할 수 있다. 지금의 진화이론에서는 돌연변이와 자연선택은 신다윈주의라는 하나의 이론의 틀 안에 있지만, 그 시절에는 돌연변이설과 자연선택설이 전혀 별개의 진화이론이었다.

현대에까지 살아남은 멘델주의

그런 일도 있고 해서 다윈주의는 20세기 초부터 1920년대 말까지 줄곧 영락零落해간다. 독일에서는 이미 1904년에 『죽음의 침상에 누운 다윈주의』*Vom Sterbelager des Darwinismus*라는 책이 출판된다. 본서의 제목과 상통하는 제목이다.

멘델주의는 오늘날 말하는 감수분열을 시야에 넣고 있었다는 점에서 대단히 참신한 이론이었다. 물론 멘델 자신은 감수분열 같은 것은 말하지 않았다. 하지만 예컨대 입자가 하나씩 양친으로부터 전해져서 그것이 또 하나씩 자손에게 유전되지 않으면 멘델의 논리는 설명 불가능하기 때문에, 당연히 멘델의 이론을 더 밀고 나가 보면 결국 감수분열 이론이 포함되게 된다.

A와 B가 있고 둘이 합체되고 그것이 또 갈라질 때에 A와 B가 된다는 것은 감수분열이 없고서는 성립되지 않는다. 감수분열이 멘델 유전학의 맥락하에 자리 잡게 된 것이 20세기 이후의 일임을 생각해 보면, 멘델은 시대를 크게 선취한 것임에 틀림없다.

또한 유전자가 입자라고 본 것도 대단한 생각이 아닐 수 없다. 최종적으로 그것은 DNA라는 물질임이 밝혀지는데, DNA는 물론 변화하는 일도 있지만 DNA는 어쨌거나 물질이니까 일단 불변의 실체라고 할 수 있다. 멘델의 이론은 현대의 유전학과 모순되지 않고 살아남은 것이다. 물론 멘델은 사실 그 이상의 다른 생각을 했을 가능성도 있다.

예컨대 이쪽의 A라는 유전자와 저쪽의 A라는 유전자가 합체되면, AA가 된다는 식의 얘기는 그의 글에 나오지 않는다. A와 A가 합체했을 경우 그는 그냥 A라고 썼다. A와 B가 합해졌을 때에는 확실히 AB라고 썼다. 그는 물론 A나 B를 엘레멘트라고 불렀지만 그것이 꼭 현재의 우리가 생각하는 '물질'과 같은 것은 아니었을 수도 있다. 엘레멘트를 형질발현의 '원리'로서 생각했을 가능성도 있다는 말이다.

만일 그렇다면 A라는 원리와 A라는 원리가 합쳐져도 AA라는 원리가 될 수는 없고 그냥 A라는 원리가 된다. A와 B가 되면 A의 원리와 B의 원리가 양립하고 있으니까 거기서 어느 쪽 원리가 그 생물 속에서 강한가 하는 이야기가 되면서 우성이니 열성이니 하는 문제가 발생한다. 그러므로 현재 우리가 생각하는 멘델의 이론과 멘델 자신이 생각한 이론 사이에는 조금 차이가 있을 수도 있다.

그렇지만 현재의 견지에서 보자면 1900년에 재발견된 멘델의 이론이 불변의 입자를 생각하고 그것으로 모두를 설명하는 문맥에 위치지어져 갔던 것은 틀림없는 사실이다.

데이터 조작에 관하여

멘델에 대한 또 하나의 재미있는 이야기는 멘델이 데이터를 조작한 거 아니냐는 의혹이다. 이는 어떻게 보면 멘델의 위대성의 하나의 반영일수 있는 것으로, 멘델은 자신의 학설이 옳다는 것을 굳게 믿고 있었다.

그런데 통계학적으로 보면 멘델이 모은 완두콩의 총 개수는 하나의 실험당 수천 개 정도로 퍽 적은 편이다. 그런 상황인데도 이론에 딱 들어맞는 숫자를 많이도 내고 있다. 나중에 통계학자가 조사해 보니 아무래도 조작했다고 밖에는 생각할 수 없다는 결론이 나왔다. 그래서 멘델이 자신의 생각에 부합하도록 데이터를 고친 게 아니냐 하는 의견들이 나오게 되었다.

그런 의견에 대한 반론도 있는데, 멘델의 조수가 조작했다는 설이 그것이다. 그렇게 되면 멘델의 법칙을 발견한 것은 멘델이 아니라 그의 조수가 아닐까 하는 의심마저 생길 수도 있다고 나는 생각한 적이 있다.

거기에는 또 다른 반론이 있는데 어떠한 결과를 가져가면 멘델이 기뻐하는지 알고 있던 조수가 자세한 이유는 몰라도 이러한 것을 가져가면 선생님께서 기뻐하실거라 여기고 그런 것을 가지고 갔을지 모른다는 설도 있다.

실험이라는 것은 어려운 측면이 있어서 연구자 자신이 실패했다고 느끼는 데이터는 버리는 경우가 많다.

예를 들어 실험을 여러 번 반복한다고 해보자. 여러 번 실험한 것들 중에서 성공한 실험예만 데이터로서 나오게 된다. 그렇지만 그것이 진짜로 성공한 것인지 아닌지는 알 수가 없다. 불만스러운 데이터는 "이것은 잘못된 거"라느니 뭐니 하며 모두 버려진다. 사실 그것이야말로 옳은 데이터일 수도 있는데 말이다. 백 번에 한 번밖에 성공하지 못하는 데이터 같은 것이 바로 이 경우일 수도 있다.

두꺼비라는 재료

그러나 이론은 어떠한 데이터가 좋은 데이터냐를 강제하기 때문에 이론에 부합하는 데이터는 논문이 되기 쉽고 이론에 부합하지 않는 데이터는 버려질 운명이 되기 쉽다. 현재의 다윈주의가 실로 그러하다. 다윈주의는 경쟁원리 위에 성립되어 있다. 경쟁이 일어나 자연선택의 결과로 이렇게 되었다는 이야기에 잘 들어맞는 연구는 논문이 되기 쉽다. 그렇지 않은 연구는 해석할 방법론이 없으니까 논문으로 되기가 어려운 것이다.

연구를 하는 경우에도 "저것은 재료가 안 좋아"라는 표현을 쓴다. 재료가 안 좋다는 것은 그러한 동물로는 연구를 해도 자연선택설에 들어맞는 데이터가 나오지 않는다는 의미다. 단순히 말해서 거의 대부분의 연구자가 자연선택설에 잘 맞을 것 같은 생물만을 연구하고 있다. 그러므로 세상에는 자연선택설에 의해 설명되는 이야기만 넘쳐 나게 된다. 그렇지 않은 것은 하나하나 모습을 감추게 된다.

가장 전형적인 예가 가나자와대학金澤大學에서 끝내 교수가 되지 못하고 작년에 조교수로 퇴직한 오쿠노 료노스케奧野良之助라는 사람이다. 그가 교수가 되지 못했던 원인은 아마도 논문을 많이 쓸 수 없었기 때문이었을 것이다.

그는 두꺼비를 재료로 연구를 했다. 두꺼비는 먹기 위한 활동을 1년에 55시간밖에 하지 않는 희한한 생물이다. 그 나머지는 잔다. 경쟁을 일체 하지 않는다. 그러다가 번식기에 또 반짝 성 노동을 하는데 그 노동마저도 열심히 하지 않는 두꺼비도 있다. 열심히 하는 두꺼비의 경우에도 기껏해야 50시간밖에 성 노동에 쓰지 않는다. 그렇다면 먹거리를 찾는 시간까지 전부 합쳐 봤자 연간 100시간 정도밖에 일하지 않고 그 나머지는 역시 잔다. 게다가 오래 사는 두꺼비는 12년 정도 산다.

그는 개체들을 전부 표시해서 각각 어떻게 되는지를 조사했다. 그렇게 하는 것만으로 10년이 걸렸기 때문에 그래 가지고는 논문을 대량 생산할 수 없다.

그래서 교수가 되지 못하고 끝내 조교수인 채로 그만두고 말았다.

연구자의 리얼리티

그가 연구한 대상 중에 다리가 셋밖에 없는 삼족三足 두꺼비가 있었는데 거기에도 개체 번호를 붙였다. 이 삼족 두꺼비는 참으로 오래 살았다. 그가 조사한 방대한 수의 두꺼비 중에서도 열 손가락에 꼽힐 만큼 멋진 생애를 보냈다.

그는 버젓이 결혼을 해서 새끼도 낳았다. 평범한 생물이라면 다리가 한 개 없다는 것은 심각한 핸디캡이다. 자연선택설이 옳다고 한다면, 그런 개체는 도태되어 곧 죽어야 옳을 터이지만 그렇기는커녕 아주 멋진 생애를 보냈다는 건데 이것은 대체 어떻게 된 일인가. 자연선택설은 속임수가 아닐까. 그렇지만 이런 쪽으로 흘러가면 인정받는 논문이 되기는 여간 어렵지 않다.

그의 말에 따르면 자연선택설이 만연한 것은 학자 자신의 생활의 반영이라고 한다. 즉 학자들은 누가 빨리 논문을 썼는가, 누가 많은 논문을 썼는가를 둘러싸고 늘 경쟁하고 있다. 그렇게 해서 교수가 되기도 하고 조교수가 되기도 한다.

교수가 되어 버리면 논문 따위는 별로 쓰지 않아도 어지간히 큰 잘못을 저지르지 않는 한 잘리지 않는데, 그런 교수가 될 때까지는 절차탁마를 거듭하며 열심히 경쟁을 한다. 이것은 실로 자연선택 그 자체다. 자연선택은 생물들 사이에서 그런 일이 일어나는지 어쩐지는 차치하고, 우선 연구자 자신들이 살고 있는 방식이다.

자연선택설에 편승하여 연구한다는 것에는 대단한 리얼리티가 있다. "역시 그랬어" 하며 어느새 실험결과에 납득하게 되는 것이다.

경쟁하지 않는 생물을 연구하면 어떤 연구자든 "이건 안 되겠어", "이건 전혀 재미가 없네" 하며 연구를 그만 두게 된다. 이와 같은 상황에서 오늘날 연구 대상으로 되어 있는 생물들은 정말로 한정된 재료뿐이다. 그것은 경쟁하고 있는 생물들뿐이다. 경쟁하고 있지 않은 생물은 열심히 연구를 해도 현재의 패러다임에 들어맞는 논문이 될 수 없다. 두꺼비만 들이파며 연구를 해가지고는 논문을 많이 쓸 수 없는 것이다.

멘델주의와 다윈주의의 상충

멘델주의가 다윈주의와 상충관계에 놓이게 되면서 자연선택설은 형편이 많이 안 좋아졌다.

단순히 말하자면 좌표계의 가로축에 시간을 두고 세로축에 변이를 두면 다윈주의의 논리에서는 매끄럽게 오른쪽으로 올라가는 변화가 나타난다. 천천히 변화해 가는 모습을 나타내는 것이다.

그런데 초기의 멘델주의에서는 갑작스럽고 급격한 변화를 중시하기 때문에 그래프는 계단식이 되어 갑자기 점프를 하는 일도 생긴다. 돌연변이로 인해 단숨에 점프를 하고 또 변화가 없는 시기도 있으며, 그러다가 또 단숨에 점프를 한다. 그러므로 이 두 가지는 전혀 다른 학설이었던 셈이다.

그렇지만 1930년 무렵이 되자 서서히 조정과정이 이루어지면서 이 두 학설이 융합되기에 이른다.

3장_신다윈주의의 발전

1. 종합학설의 제창자들

생물계의 스캔들

신다윈주의는 다윈의 자연선택설과 멘델의 유전학설을 융합하는 형태로 탄생했다. 형질의 변이에 대해서는 예컨대 드브리스 때까지는 유전자가 갑자기 돌연변이를 일으켜 형질이 크게 변화한다고 생각했다. 그런데 변이가 불연속적인 것은 맞지만 돌발적인 변이는 그리 많지 않아서 통상적인 변이폭은 극히 적다는 사실이 점차 밝혀지게 되었다.

1900년에 세 학자가 멘델의 학설을 재발견한 이후 가장 유력한 멘델주의자는 영국의 윌리엄 베이트슨w. Bateson이다. 그는 멘델을 대단히 존경하여 자식에게 멘델의 이름을 붙였다. 여기서 그의 자식이란 '이중구속 이론'으로 유명한 그레고리 베이트슨G. Bateson이다.

윌리엄 베이트슨은 연구 결과를 볼 때 형질의 변이는 불연속적인 경우가 많다고 주장하면서, 다윈의 점진설에 반대했다. 그리고 획득형질 유전을 믿는 다윈과는 달리 획득형질 유전을 강하게 부정했다. 그런 의미에서 베이트슨은 신다윈주의에 이르는 길을 개척한 한 사람이다.

획득형질의 유전에 관해서는 20세기 초엽에 빈의 생물학자 캄메러가 다양한 양서류를 사육하며 획득형질의 유전을 증명하려는 실험을 수행, 센세이션을 불러일으킨 바가 있다. 베이트슨은 캄메러의 그러한 실험을 일종의 사기라고 격하게 비난하였다.

캄메러의 실험에 따르면 동굴에 서식하는 프로테우스라는 영원蠑螈은 눈이 안 보이지만, 눈에 붉은 빛을 쪼이면 다시 눈이 보인다고 한다. 혹은 통상적으로 육상에서 교미하는 산파두꺼비를 수중에서 세대를 이어 가며 사육하면, 발바닥과 발가락에 혼인류〔婚姻瘤；짝짓기 과정에서 수컷이 암컷을 잡을 때 미끄러지지 않도록 해주는 포획 기관〕라 불리는 형질이 획득되어 유전된다고 한다.

그런데 실험에 사용하는 양서류를 길들이려면 특수한 재능이 요구되는지 캄메러 이후 여러 사람이 추가 실험을 해보았지만 하나같이 도중에 양서류가 모두 죽어 버려서 추가 실험을 할 수가 없었다. 이 때문에 캄메러의 실험은 그 진위에 대해 커다란 의혹이 일었다. 그때 캄메러를 가장 강하게 비판한 사람이 바로 베이트슨이었다.

훗날 과학 저널리스트 케스틀러A. Koestler가 『산파두꺼비 수수께끼』 The Case of the Midwife Toad라는 책 속에서 그의 실험에는 사기가 없었다고 주장하며 캄메러를 옹호하지만 캄메러는 끝내 권총 자살을 하고 만다. 그는 자살하기 전에 실은 러시아에 가는 계획을 준비하고 있었다. 그가 러시아에 갔다면 아마도 획득형질의 유전을 주장한 학자로서 리센코와 함께 찬양 받았을 것이다. 어쨌거나 이 사건은 20세기 초 생물학계의 최대 스캔들로 불렸다.

베이트슨 이후에 모건T. Morgan이 등장해서 유전자가 염색체 위에 목걸이의 구슬처럼 나란히 늘어서 있음을 밝혀 냈다. 또한 돌연변이에 의해 야기되는 변이의 폭이 불연속적인 것은 맞지만 그것은 대단히 작은 규모라는 사실이 점차 밝혀져 간다. 유전자가 약간 변화하는 정도로는 종이 변할 만큼의 변이도, 동종의 생물과 생식상의 격리가 일어날 만큼의 변이도 일어나지 않는다. 아주 미미한 변이라면 그것은 생식을 통해 자손에게 차차 전해진다.

1930년대, 신다윈주의의 기초를 쌓다

다윈의 경우, 단지 변이가 유전된다고만 말했고 어떤 식으로 유전되는 지는 알지 못했다. 그렇지만 A유전자가 돌연변이를 일으켜 B유전자가 된 경우, B유전자를 가진 개체가 A유전자를 가진 개체보다 적응상 얼마 나 유리한가 불리한가를 알게 되면, 몇 세대가 지난 후에 B가 얼마나 늘 어날까, 혹은 줄어들까를 정량적으로 계산할 수 있을 것이다.

즉 어떤 돌연변이가 자연선택 과정에 있어서 어느 정도 유리한지 (혹은 불리한지) 수학적으로 표현할 수 있게 된다. 그렇다는 것은 자연선 택 과정이 멘델주의의 도움을 빌려 수량화될 수 있다는 얘기가 된다.

이리하여 정확히 1930년부터 1940년까지 다윈의 자연선택설과 멘 델주의가 합체하여 신다윈주의가 확립된다. 초기 신다윈주의의 주역이 었던 사람들은 최근 사망한 기무라 모토의 스승이었던 라이트S. Wright를 비롯, 피셔R. Fisher, 홀데인J. Haldane, 러시아의 체트베리코프S. Chetverikov 등이다. 참고로 체트베리코프 그룹은 리센코에 의해 숙청당했는데, 바 로 이들이 1930년대에 활약을 펼치면서 신다윈주의의 기초를 놓는다.

형질의 변이는 다윈의 점진설에서는 연속적이고 초기의 단순한 멘 델주의에서는 급격하고 불연속적이었지만, 신다윈주의에 이르면 계단 형으로 바뀐다. 이는 거시적인 전체상은 점진적이지만 부분을 확대해

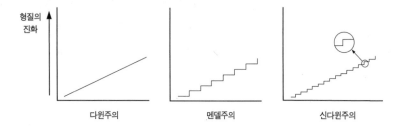

다윈주의, 멘델주의, 신다윈주의의 도식
신다윈주의는 멘델주의와 다윈주의를 절충하여 만들어졌다.

보면 멘델주의가 된다.

하나의 돌연변이에서 발생하는 형질의 변이폭은 전체 변이폭에 비해 보면 종이 확립된다든가 생식격리가 성립한다든가 할 정도로 크지는 않다.

말하자면 처음에는 귀가 약간 늘어난다든가 털이 조금 짙은 색으로 바뀐다든가 하는 정도의 변화에 불과하지만, 그러한 작은 변이가 점점 축적되면 결과적으로 형질이 크게 변화하고, 종의 폭을 뛰어넘는 진화를 일으킨다.

원시적 생물로부터 인간에 이르는 진화도 이상과 같은 원리로 설명할 수 있게 되었다. 또 같은 종이라 해도 다른 환경에서 독립적으로 생활하면 자연선택 과정이 달라지기 때문에 별종으로 분기되고 이런 분기가 계속 반복됨으로써 생물은 다양화된다고 신다윈주의는 주장한 것이다.

다윈 이전까지는 설명해야 할 문제가 종의 다양성이라는 현상이었고, 진화라는 가정이 바로 그런 설명을 위해 필요한 것이었다. 그리고 그 가정에 조금 논리가 붙은 게 바로 라마르크나 다윈의 진화론이었다고도 할 수 있다.

1930년대의 신다윈주의 시대에 이르면 진화 그 자체가 가설이 아니라 사실로서 이미 광범위한 승인을 받고 있었다. 이제 진화는 설명해야 할 현상이 되었고 그것을 설명하는 이론은 단지 진화를 사실적으로 밝혀 줄 뿐만 아니라 왜 그런 진화가 일어나는지, 그 메커니즘을 확실히 설명할 수 있는 고차원적인 진화론이어야 했다.

수식화가 관건

피셔, 홀데인, 라이트 등 초기의 신다윈주의자들은 수학에 대단히 뛰어났다. 피셔는 본래 통계학자였는데 통계학적으로 볼 때 멘델의 실험결과에 작위성이 있음을 간파한 사람이었다.

시간이 좀 흐르자 마이어나 도브잔스키T. Dobzhansky 같은 학자들이 등장한다. 신다윈주의가 성공한 커다란 요인 중 하나는 그것을 수식화했다는 점에 있다. 수식화를 할 수 있다는 것은 과학으로서 성공하는 하나의 패턴이다. 불변의 실체로 환원할 수 있다는 것은 과학이 되기에 대단히 용이한 특징이다. A라든가 B, 혹은 C 등 유전자는 완전히 기호화할 수 있다. A는 아무리 시간이 흘러도 A고 B는 아무리 시간이 흘러도 B이며, 그 사이에 불분명한 것은 아무것도 없다.

A가 돌연변이를 일으켜 갑자기 B가 된다. 거기에 A에서 B로의 돌연변이율 혹은 적응도라는 개념을 도입한다. 적응도란 생식가능한 하나의 개체가 얼마나 생식가능한 자손을 만들어 낼 수 있는가를 표현하는 개념으로, 예를 들어 그 하나의 개체가 평균적으로 1.2개체의 생식가능한 자손을 만들 수 있다고 한다면, 그 개체가 가진 유전자는 점점 불어나게 된다.

돌연변이율과 적응도를 알면, 집단 속에서 A와 B의 비율이 어떻게 변할지 계산이 나온다. 적응도라는 개념은 신다윈주의에서는 대단히 중요한 것으로 훗날 사회생물학(극단적인 신다윈주의의 한 변종)에 있어서 다양한 형태로 전개되기에 이른다.

2. 분자생물학의 발전

DNA의 발견

1940년대부터 1960년대 초엽까지 진화론은 사실 집단유전학 그 자체와 겹쳐져 버렸다. 그런 상황에서 진화론은 집단 속에서 다양한 유전자의 빈도가 어떻게 변화하는가라는 물음과 거의 동의어가 되었다.

형形은 최종적으로 유전자가 결정하도록 구조화되어 있었다.

예를 들어 A라는 형을 결정 짓는 유전자가 있다면 A형이 생긴다는 식으로, 형과 유전자는 개념적으로 일대일대응할 수 있다고 상정되어 있었다. 따라서 집단 속에서의 다양한 유전자의 빈도가 변화함에 따라 형도 변화할 터이고, 유전자의 빈도가 어떻게 변화하는가를 밝혀 내기만 하면 진화는 기본적으로 모두 해명될 수밖에 없었다.

그런데 그것은 개념적으로만 그렇다는 것이며, 사실 1950년대 정도까지는 유전자가 무엇인지조차 잘 몰랐었다. 유전자가 DNA임이 밝혀진 것은 1950년대, 유전자 암호가 해독된 것은 1960년대에 들어선 이후의 일로, 그 시절이 되고 나서야 비로소 유전자가 어떠어떠한 것이며 몸 속에서 어떠한 역할을 하는지가 확실해진 것이다. 소위 분자생물학의 발흥이다.

분자생물학이 발전하기 전까지는 집단유전학은 관찰에 바탕을 둔 수학에 불과했다. 과일초파리를 길러 연구를 하는 사람들은 있었지만 유전자를 조작하는 일은 없었다. 과일초파리의 눈이 어떻다든가, 날개가 어떻다든가 하는 다양한 돌연변이들을 자연 속에서 찾아내어 그것을 교배시키고 최종적으로 어떻게 될지를 조사할 뿐, 그 형이 무엇에 의해 생겨나는지는 전혀 알지 못하고 있었다. 다만 변이에 대응하는 유전자가 염색체상에 실체로서 존재한다고 상정해 둔 정도였을 뿐이다.

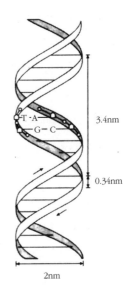

그러던 것이 분자생물학의 성과에 의해 DNA와 형의 대응이라는 새로운 단계로 발전했다. DNA 정보는 아데닌(A), 티민(T), 시토신(C), 구아닌(G) 이렇게 네 가지 염기의 서열로서 구현되어 있다. DNA 정보는 생물의 설계도라고 하지만,

DNA의 이중나선구조
T와 A, G와 C는 상보적으로 결합한다.

실제로 그러한 암호가 어떻게 형에 대응하는가, 형의 무엇을 결정하는가 하는 문제 등에 대해서는 어느 누구도 해답을 알지 못했다.

그렇지만 분자생물학의 발전으로 인해 예컨대 어떤 DNA에 대해 모종의 돌연변이를 일으킨다든가 그 DNA를 배제한다든가 하면, 틀림없이 형태가 변이하기도 하고 형태가 없어지기도 한다는 사실이 실험적으로 증명되었다. 그때까지는 허구적인 가설이었던 유전자와 형의 대응은 더 이상 허구가 아니게 되었고 DNA가 형을 만든다는 이야기가 엄청난 리얼리티를 갖게 되었다.

내성균의 예와 사회생물학

그후 분자생물학이 더욱 발전하고 20년쯤 전부터는 유전공학의 발달까지 가세하면서, 신다윈주의로는 설명할 수 없는 현상들이 다양하게 생겨나 신다윈주의의 한계를 드러내는데, 그러기 전까지만 해도 분자생물학의 발전은 신다윈주의에 있어서도 정합적이었다. 또한 그것은 신다윈주의가 1960~70년까지 대단히 커다란 세력을 가질 수 있었던 하나의 큰 요인이기도 했다.

케언스 현상이 발견되기 이전에는 대장균을 적응적이지 않은 배양지에서 배양하는 식의 발상을 누구도 떠올리지 못했다. 연구자들은 으레껏 적응적인 배지에서 배양하였으며 그런 상황에서 나타나는 돌연변이는 무방향적이고 우연적이었다. 대장균의 돌연변이 연구는 유전자(DNA)의 돌연변이가 우연이라는 신다윈주의의 교의를 전적으로 잘 실증하고 있는 것으로 보였다.

또한 신다윈주의가 탄생했을 무렵 페니실린 등의 항생물질이 발견되고 1960~70년이 되자 내성균耐性菌이 문제가 되기 시작하는데, 내성균이 증가하는 메커니즘을 신다윈주의는 아주 매끄럽게 해명해 냈다.

내성균의 증가는 집단에 발생하는 적응적 변화지만 내성균의 출현 자체는 우연이다. 예컨대 스트렙토마이신 내성균의 경우, 스트렙토마이신을 계속 투여받음으로써 일어나는 일은 내성균의 발생이 아니라 본래 아주 조금밖에 존재하지 않았던 내성균이 유리해지는 사태다.

한편 스트렙토마이신 내성균이 아닌 것은 불리해지기 때문에 점점 도태되어 최종적으로는 내성균만 존재하게 되고 그 결과 스트렙토마이신이 더 이상 듣지 않게 되는 것이다. 이는 자연선택설을 실증하는 이야기 구조다.

또한 생태학 분야에서는 동물의 행동과 관련하여 다윈의 고전적인 자연선택설로는 잘 해명되지 않는 수많은 사례들이 오래전부터 꾸준히 알려져 왔다. 예를 들면 이타행동은 왜 존재하는가, 수컷과 암컷의 비율이 일대일인 것은 어째서일까 같은 문제들이 그렇다.

그렇지만 유전자를 중심으로 보는 신다윈주의의 개념을 사용하자 그러한 동물들의 다양한 행동이나 성질들이 아주 쉽게 해명되었다. 이는 사회생물학 혹은 행동생태학이라는 분야 얘긴데, 그것이 1960년대 정도까지 신다윈주의가 크게 융성했던 또 하나의 요인이었다.

꽤나 고전적인 예 중에 수컷과 암컷이 일대일인 것은 왜인가 하는 문제가 있다. 자손을 계속 불려 나가려면 암컷이 많은 쪽이 유리하다. 수컷은 좀 적어도 크게 지장이 없다.

특히 코끼리바다표범 등, 할렘을 형성하는 동물들이 그렇다. 코끼리바다표범도 할렘의 한 마리 수컷이 모든 암컷을 돌보지는 않는 것으로 보인다는 사실이 최근에 밝혀진 바 있는데, 만일 종의 존속을 위해서라면 주변에서 보고 있기만 하는 수컷들을 전부 암컷으로 만드는 편이 유리하지 않겠는가?

성비 문제는 다윈도 설명에 고심한 문제였던 듯한데, 일대일인 쪽이 투쟁이 없어진다는 정도의 얘기를 하는 데 그치고 있다.

유전자 중심 원리

이 문제를 해결한 사람이 바로 피셔다. 종을 존속시키는 데 유리하다는 관점에서 설명하는 것인데, 예컨대 암컷 5, 수컷 1의 비율인 집단이 있을 경우, 만일 그 안에서 수컷을 많이 낳는 가계가 돌연변이로 생겨났다고 하면 그 가계는 완전히 유리해진다.

왜일까? 모든 개체들이 무작위로 같은 횟수로 교잡을 한다고 할 경우, 수컷은 평균적으로 다섯 마리의 암컷에게 씨를 뿌리게 된다. 수컷을 한 마리 낳으면 암컷 한 마리를 낳을 때와 비교하여 손자 수가 평균적으로 5배가 된다.

만일 수컷을 많이 낳는 성질이 유전적인 것이라면 손자 세대에 이르러 수컷을 많이 낳는 성질은 확실히 개체군 안에 확산될 것이다.

그런 흐름이 점차 확산되면 결국 수컷과 암컷의 비율이 일대일이 될 것이고, 그 대목에서 안정화될 것이다. 반대로 집단 내의 수컷 비율이 높으면 이번에는 암컷을 많이 낳는 돌연변이가 유리해지고, 여기서도 역시 일대일로 안정화될 것이다.

그 이전까지는 종을 표지로 삼아서 종이 존속하려면 어떠한 형질이 가장 바람직한가라는 논의를 해왔었다. 그렇지만 신다윈주의가 등장하자 다른 사고방식이 생겨났다. 즉 종이나 개체는 소멸하지만 DNA는 불멸이므로 이제 그런 불멸의 유전자를 많이 늘리려면 어떻게 하면 좋을까라는 유전자 중심의 원리에서 생각해 보자, 그때까지 별로 적응적이지 않아 진화에 있어서 불리하다고 여겨졌던 형질이나 행동에도 유리한 점이 있다는 사실이 밝혀진다.

이 때문에 신다윈주의는 생태학자들 사이에서 급속히 확산되었고 그들은 한때 열광의 소용돌이 속으로 휩쓸려 들어갔다. 다만 일본에서는 이마니시 긴지今西錦司의 진화론이 지배적이었다. 이마니시진화론은 종의 실재성을 강조한다. 한편 신다윈주의에 따르면 종은 점점 다른 종으로 변화해 가는 것으로 그런 의미에서 종 자체는 실재하지 않는 것이다. 실체로서 존재하는 것은 DNA뿐이다. 이 논의를 철저하게 밀고 나간 사람이 리처드 도킨스이다.

이타행동의 원리

또 한 가지 신다윈주의를 유행하게 만든 계기가 된 것이 바로 이타행동이다. 이에 대해서도 신다윈주의는 대단히 명쾌한 설명을 해주었다.

예를 들면 물에 빠진 사람이 있을 경우, 그 사람을 도우려고 하다 보면 거꾸로 자신이 죽을 수도 있다. 자신의 자손을 남기는 문제나 자신의 적응도 같은 것만을 생각하면 물에 빠진 타인을 돕지 않는 편이 좋다. 그렇지만 자신을 희생하여 상대를 돕는 이타행동이야말로 유전자에게 있어서는 유리한 경우가 있다.

예컨대 사파리공원에서 어떤 할아버지와 할머니가 호랑이에게 습격을 당한 사건이 있었다. 할아버지는 손자와 그 손자를 안고 있는 할머니를 돕기 위해 나섰다가 호랑이의 공격에 죽음을 당하고 말았다. 그 행동은 물론 유전자만 가지고 규정할 수는 없는 상황이었지만, 유전자라는 관점에서만 보면 이러한 이타주의 행동은 대단히 잘 설명이 된다.

할아버지가 앞으로 자손을 남길 확률은 극히 낮다. 자신이 죽고 손자가 살아남는 편이 자신의 유전자를 확실히 남기는 방법이다. 손자가 죽는다면 자신의 유전자도 없어지고 만다. 유전자적으로는 손자가 죽는 것보다 자신이 죽는 쪽이 유리한 것이다.

이타주의를 신다윈주의로 설명할 수 있다는 이러한 설은 단숨에 퍼져 나갔는데, 그 가장 전형적인 예는 암컷이면서도 자신은 자식을 낳지 않고 자신의 자매를 극진히 기르는 일벌들이다. 꿀벌의 경우 수컷은 단위생식으로 미수정란에서 태어나고 부모로서의 수컷은 아주 조금밖에 없다.

한편 암컷은 수정란에서 태어난다. 일벌은 사실 암컷이다. 벌이 자식을 낳는 경우 수컷은 단수체(반수체)니까 염색체는 n, 암컷은 2n, 그 사이에서 태어나는 자식은 2n인 암컷으로 아버지와 어머니로부터 유전자를 반씩 받는다.

그런데 그 자매를 생각해 보면, 수컷의 수가 적기 때문에 아버지는 같다고 한다면, 아버지가 단수체이기 때문에 모든 자매가 아버지로부터 받은 n을 반드시 공유한다. 2n의 나머지 n은 어머니로부터 유래한 것이므로 확률상 반만 공유하게 되어 있고, 따라서 자매의 유전자의 공유확률은 4분의 3이 된다(보통의 경우 자매간의 공유확률은 2분의 1이다).

스스로 자식을 낳아 열심히 키워도 자신의 유전자는 2분의 1밖에 전달되지 않지만, 자신의 자매를 기르면 4분의 3이 전달된다. 그렇기 때문에 스스로 자식을 낳아 기르는 것보다 자기의 자매를 열심히 기르는 편이 나은 셈이다.

이것이 바로 일벌들이 자기의 자매를 정성껏 기르는 이유다. 이러한 이타행동은 유전자를 중심으로 보는 신다윈주의적인 사고방식에 의해 극히 명쾌하게 설명된다는 사실이 알려지면서 생태학 분야에 일거에 확산되었다. 이런 식으로 신다윈주의는 주류가 되어 갔다.

바람기와 동성애

하지만 속류 사회생물학자들이 뭐든지 유전자로 설명하려고 하는 것은 문제다.

그들에 따르면 바람기조차도 잘 설명할 수 있다. 바람을 피우는 유전자를 가진 수컷과 바람을 피지 않는 유전자를 가진 수컷이 있을 경우, 전자 쪽이 자손을 많이 가질 수 있기 때문에 유리하다. 다른 적응도가 모두 같다고 할 경우, 서너 세대가 지나면 바람기 있는 수컷의 자손들만 불어난다. 그것이 10세대 혹은 100세대 정도 지속되면 이 세계는 바람기 유전자를 가진 수컷만 살아남고 바람기 없는 유전자는 거의 사라지게 된다. 그러니까 남자가 바람을 피는 것은 당연한 일이 된다.

동성애는 자손을 낳지 않는다. 이러한 동성애가 왜 존재하는지에 대해 사회생물학에서는 설명을 하지 못한다. 페티시즘이나 사디즘, 마조히즘도 마찬가지로 설명을 못 해낸다.

그런데 동성애자 현상에도 사회생물학적인 근거가 있다는 이야기를 할 수가 있다. 수컷 동성애자에게 남자 형제가 있다고 가정하면, 수컷 동성애자는 자신의 형제 이외의 주변 수컷을 자신의 동성애 상대로 삼는다. 그렇게 되면 자신의 형제는 라이벌이 줄어들고 자손을 계속 남길 수 있게 된다. 그 자손에게는 자신의 동성애 유전자도 들어 있을 테니까, 이 과정을 통해서 동성애 유전자가 확산되어 간다. 이 설명은 어안이 벙벙해질 정도로 굉장해 보이지만, 단순명쾌한 사례에 의해 반증된다.

즉 동성애자가 근친상간을 하게 되면 자기의 유전자는 어디에도 갈 곳이 없어진다.

심지어는 군주제를 우러러보는 유전자가 많이 있는데 군주제를 폐지하는 것은 무엄하다고 하며 군주제를 옹호하는 논리를 펼치는 사람까지 나타났다. 대충 어떤 행동을 고른 다음 그 행동을 일으키는 유전자가 있다고 하는 식이라면 그런 이야기는 얼마든지 지어 낼 수가 있다. 예컨대 바람기 유전자 이야기에 문제가 생기면, 모르는 곳에서만 바람을 피는 유전자가 있다고 한다든가, 모르는 사람하고만 바람을 피는 유전자가 있다는 식으로 이야기는 어떻게든 지어 낼 수 있다.

그렇지만 행동을 지배하는 유전자는 적어도 인간의 경우에는 지금까지 발견된 것이 전혀 없다. 그들이 전개하는 이야기는 엉터리에다가 실체도 없는 것이다. 하등한 곤충에서는 행동을 지배하는 것으로 보이는 유전자가 발견되고 있지만, 그것이 어떠한 메커니즘에서 행동과 대응되는지는 물론 밝혀져 있지 않다.

3. 유전자란 뭔가

바이러스의 형태는 DNA가 만든다

이리하여 신다윈주의는 사회 속으로 스며들어 갔다.

　다만 신다윈주의는 DNA가 최종적으로 형을 만들고 행동을 발현시킨다는 이야기를 전제로 하고 있다. 그 전제가 붕괴되면 신다윈주의는 아무래도 불리한 상황에 처하게 될 것이다. 다윈주의의 자연선택은 최종적으로 형질의 총체인 개체라는 시스템과 관련된다. 그 결과 어떤 유전자가 절멸되거나 서서히 수가 늘어나거나 한다.

　그렇지만 현재의 분자생물학에서는 DNA가 RNA를 만들고, RNA가 단백질을 만드는 지점까지는 밝혀졌지만, 단백질로부터 최종적으로 어떤 형태나 행동을 도출해 내는 프로세스는 고등한 동식물에 있어서는 전혀 미지의 상태에 있는 실정이다.

　하지만 바이러스의 경우 이 문제는 대체로 밝혀져 있다. 예를 들어 T4파지라는 바이러스가 있다. T4파지의 몸의 재료는 주로 단백질인데 그것은 T4파지의 유전자가 만든다.

　유전자의 존재는 물론이고 그 유전자가 어떻게 작용하여 단백질이 생겨나는지까지 모두 알려졌는데, 통상적으로는 다리가 여섯 개이지만 유전자에 결손을 일으키면 다리가 부족한 T4파지가 생기기도 한다.

　또한 T4파지를 형성하는 재료를 낱낱이 따로 떼어 내어 시험관에 넣고 흔들면, 스스로 집합하여 원래의 상태로 돌아간다. 바이러스는 유

전자가 단백질을 만들기만 하
면 형은 제멋대로다. 물론 멋대
로라고 해도 DNA가 형을 결정
짓는 지령을 내린다는 의미는
아니다. 단백질들끼리는 바이
러스가 어떤 형으로 될지에 대
해 미리 알고 있다고 표현하는
편이 좀더 사실에 가깝다. 그러

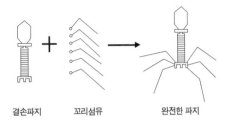

결손파지   꼬리섬유   완전한 파지

T4 파지
부품이 있으면 T4파지는 스스로 집합하여 완벽한
원래의 모습으로 돌아갈 수 있다.

나 DNA와 형이 일대일로 대응되며 DNA가 바뀌면 형이 바뀐다는 논리
는 바이러스 레벨에서는 매우 정합성이 있다. 다만 이것이 좀더 레벨이
높은 생물의 DNA가 되면 이야기는 그리 간단하지 않다. 역으로 말하자
면 바이러스가 과연 진정한 생물인지 의심스러운 측면이 있다.

형과 DNA는 일대일대응하지 않는게 아닐까

'형 연구 과학회'를 주재하고 있는 다카기 류지高木隆司의 『고둥은 왜 나
선형일까』卷き貝はなぜらせん形か를 최근에 읽었는데, 거기에 고분자의 형태
에 관한 이야기가 실려 있었다.

생물의 몸속에는 고분자가 다수 존재한다. 단백질도 오뎅도 핵산도
모두 고분자다. 생체 내 고분자는, 안 그런 것도 있지만 거의 다 DNA가
관여해서 만들어진다. 고분자에는 여러 곳에 이음매가 있어서 많은 구
성요소들이 연결되어 있고 그것이 적당히 휘어진 형태를 취한다. 이 형
태는 자유에너지가 최소한으로 되도록, 요컨대 가장 안정되도록 결정되
어 있을 터이다.

예컨대 긴 사슬의 단백질이라면 휘어 있는 부분도 많을 수밖에 없

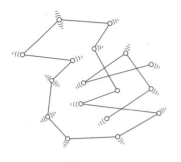

고분자의 구조
고분자는 이음매 부분에서 접혀 순식간에
자유에너지 최소의 상태가 된다.

다. 어떤 형태일 때 자유에너지가 최소인가는 실행해 보지 않으면 알 수 없는 문제다. 그럼에도 불구하고 고분자는 어떤 쪽이 최소인지를 처음부터 알고 있다는 듯이 순식간에 최소의 형으로 안정된다.

하지만 그 메커니즘은 밝혀져 있지 않다. 그것은 DNA가 결정하는 것이 아니다. 어쩌면 자유에너지가 가장 낮아지도록 형을 만들어 낸다는 것도 실은 진실이 아닐지도 모른다.

이는 구조주의생물학의 관점에서 봐야 하는 문제일 수도 있다. 다시 말해 고분자를 만들기까지는 DNA가 관여하는 것이 사실이라 해도, 만들어진 고분자가 어떠한 형태로 될지와 관련된 고차원적인 규칙 같은 것은 고분자 쪽이 알고 있을 가능성이 강하다고 봐야 하지 않을까?

생체 안팎의 어디에서든 통용되는 단순한 규칙이라면, 물리화학적인 차원의 형은 일률적으로 결정되는 것으로 보인다. 그렇지만 어떤 환경에서만, 예컨대 인간의 세포 내에서만 형이 만들어진다고 하는 식의 빡빡한 구속조건이 있다면, 그 조건의 구속 때문에 형은 DNA만으로는 결정되지 않는 게 아닐까? 단 그 조건이 어떤 것인지는 현재로서는 전혀 알 수 없는 상태다.

바이러스의 형태는 DNA가 모두 결정한다고 말해도 특별한 문제는 없다. 물론 다른 생물들도 발생 조건이나 세포의 조건은 결정되어 있으므로 DNA와 일대일대응하는 것으로 보이긴 하지만, 만일 조건을 벗어나 형을 낱낱이 흩어 시험관 안에서 휘저어 섞으면 바이러스처럼 스스로 집합해 원래 상태로 돌아가는 일은 없다. 인간의 팔다리를 낱낱이 흩어 시험관 안에서 섞으면 절대로 원래 상태로 돌아가지 않는다. 원래 상태로 돌아가는 데에는 더 강한 구속조건, 환경조건이 있음에 틀림없다.

DNA의 역할은 수도꼭지를 비트는 것과 같다

DNA만으로는 형태가 결정되지 않는 예로서 표현형모사phenocopy라는 현상이 있다. 표현형모사의 가장 전형적인 예는 초파리에서 볼 수 있다.

초파리는 체절동물로서 배胚가 체절로 나뉘어 이 중 앞쪽이 머리나 가슴이 되는 형태로 발생한다. 이 체절을 만드는 데 관여하는 분절 유전자가 있는데, 거기에 돌연변이가 발생하면 앞쪽이 전혀 분절이 안 되거나 뒤쪽이 분절되지 않는 등 분절 방식에도 다양한 변이가 발생한다. 이 경우 유전자의 이상에 의해 형도 변이하므로 유전자와 형이 대응하고 있음을 알 수 있다.

그런데 배가 체절로 나뉘기 전에 에테르 증기를 쏘이면, DNA에 변이가 일어난 것도 아닌데 DNA의 변이로 일어나는 것과 마찬가지의 표현형이 출현한다. DNA에 변이가 일어나지 않아도 다른 경향성을 작동시킴으로써 DNA의 변이로 일어나는 것과 같은 변이가 발생하는 것이다. 이것이 표현형모사라는 현상이다.

만일 DNA가 변화하여 형이 변하는 것이라면, 이 상황처럼 DNA가 변하지 않는 상황에서 형이 변화한 초파리의 에테르 실험에서는 에테르가 형을 바꾼 게 된다. 하지만 그렇다고 해서 에테르가 형을 만드는 것이냐 하면 또 그런 것은 아니다.

예전에 우물밖에 알지 못하는 어떤 사람이 있었는데 수도꼭지가 갖고 싶었다고 한다. 꼭지를 벽에 붙여 놓기만 하면 물이 나온다고 생각했던 것이다. 수도꼭지를 틀면 물이 나오는 건 맞다. 하지만 물이 나오는 근본적인 원인은 꼭지에 있는 것이 아니다. 그 배후에 수도라는 커다란 시스템이 없으면 꼭지를 비틀어도 물은 나오지 않는다. DNA의 역할은 수도꼭지를 비트는 것과도 같다. 혹은 같은 얘기겠지만 전기 스위치를 켜는 것과 같다고 할 수 있다.

요컨대 DNA라는 것도 어떤 시스템의 일부여서 DNA만 있어 가지고는 형이 생기지 않는다. 그것은 수도꼭지만 있어 가지고는 거기서 물이 나오지 않는 것과 같은 격이다. DNA는 시스템 속에서 스위치의 역할을 수행하고 있다.

그 시스템이 완벽하게 기능하는 한에 있어서, 스위치를 꼽거나 뽑는 행위가 결과를 일관되게 결정하는 것처럼 보이는 것이다. 즉 DNA와 형에 일대일대응이 있는 것처럼 보이게 된다. 그렇지만 도중에 뭔가 이상한 것이 끼어들어 시스템이 흐트러지면, 그 결과는 일관되게 결정되지 않는다. DNA가 정상이어도 DNA에 변이가 생긴 것과 같은 표현형, 혹은 전혀 다른 표현형이 생기는 것이다.

탈리도마이드[7]에 의한 기형이 바로 그런 예다. 그것은 발생 도중에 어떤 경향성이 작동하여 발생한 기형으로, DNA에 의해 일어난 변이가 아니기 때문에 당연히 유전되지 않는다.

당시의 탈리도마이드 아기들도 지금은 아빠와 엄마가 되어 있는데, 그들의 자식이 오체만족인 것은 당연한 이야기다. 역으로 말하면 그런 한에 있어서 획득형질의 유전은 반증되고 있다. 탈리도마이드 기형도 일종의 획득형질이지만 자손에게는 유전되지 않는 것이다.

---

7) 탈리도마이드(thalidomide)는 1957년에 발매된 수면제로서 부작용에 의해 수많은 기형아가 생겨 일시적으로 판매 중지되었다. 현재는 미국 등에서 한센병 치료약으로 시판되고 있다.

"완벽하게 옳은 이론은 아니라는 사실"

신다윈주의는 어떤 국면에서는 기가 막힐 정도로 사태를 잘 설명할 수 있지만, DNA 지상주의를 전제로 하고 있기 때문에 잘 안 들어맞는 경우가 실은 많이 있다. 그렇지만 지금 신다윈주의에 대항할 수 있는 실험 가능한 이론이 아직 등장하지 않았기 때문에 여전히 힘을 갖고 있는 것이다.

현재 신다윈주의는 지배적인 패러다임이 되어 있다. 나는 패러다임이란 논문생산력이라고 생각한다. 학자는 논문을 쓰지 않으면 살아갈 수 없기 때문에 가장 논문생산력이 높은 패러다임은 학자들에게 선택되어 계속 살아남게 되어 있다.

이는 실로 신다윈주의의 논리에 부합하는 것으로 살아남은 이론이 좋은 이론이 되는 셈이다. 그렇기는 하지만 살아남은 이론이 진정코 옳은 이론인지는 알 수 없는 일이다.

신다윈주의가 패러다임이 될 수 있었던 것은 주로 논문생산력과 관계가 있기 때문이며, 그 자체가 "완벽히 옳은 이론은 아니라는 것"이다.

예를 들면 뉴턴 역학은 거시적인 운동을 담당하는 법칙으로서 그 이상 없을 정도의 완벽한 이론이다. 하지만 완벽하기 때문에 그 이상으로 연구하는 일 없이 학문이 거기서 끝나 버린다. 100년 후에 태양과 지구와 달이 어떠한 위치에 있을지를 주제로 논문을 쓰면 "그런 것은 당연하다"라는 말을 들을 뿐, 그 누구도 감탄해 주지 않는다. 실제로 일본 대학에는 뉴턴 역학을 연구하는 강좌는 존재하지 않는다. 나도 심심치 않게 "올바른 이론은 패러다임의 적이다"라고 말하는데 그것도 마찬가지 연유에서다.

한편 신다윈주의, 특히 사회생물학이 그러한데 A라는 생물에서 이론이 잘 들어맞지 않는다면, B에서 잘 들어맞는지 여부를 조사해 보자든가 해서 실제로 조사하는 일이 얼마든지 있다. 또한 라마르크가 그랬듯이 잘 들어맞지 않을 때는 그 상황에만 해당되는 보조 가설을 생각해 내어 어떻게든 꿰어 맞추려고 한다.

신다윈주의의 체계는 '종합설'이라고 불릴 정도로 다양한 논리가 끊임없이 이어지면서 다양한 보조적 가설로 가득 차 있는 실정이다. 반쯤은 맞고 반쯤은 틀린 이론이기 때문에 도리어 융성을 과시하고 있는 것이다.

단 다른 논리가 제시되고 다른 패러다임이 생겨나면 신다윈주의는 순식간에 종언을 고할 가능성도 있다.

구조주의생물학은 지금으로서는 사변의 산물에 불과하고 논문이 쓰여질 수 없는 상태에 있다. 차차 이 생물학에 의거하여 논문을 쓸 수 있게 되면, 신다윈주의는 종언을 맞을 것이라고 나는 믿는다. 폰 베어K. Baer라는 유명한 발생학자에 따르면 살아남은 이론은 세 가지 단계를 거친다고 한다.

제일 먼저는 너무나 어리석은 생각으로 치부되면서 모두로부터 무시당하는 단계. 두번째는 모두 '그럴지도 모르지'라고 생각하면서도 그 이론에 입각하면 논문을 쓸 수 없고, 주류 이론에 부합하지 않기 때문에 자기 자신이 살아남기 위해 무시하는 단계. 셋째는 "실은 나도 줄곧 그렇게 생각했었다"라고 모두가 말하는 단계. 이 도식에 따르면 구조주의 생물학은 현재 제2단계에 해당한다.

4장_ 구조주의적 접근법

1. 이름과 시간

실념론과 유명론

구조주의는 본래 생물학과는 하등 관계가 없고 굳이 따지자면 인문계 사람들에게 아주 친숙한 이론이다. 일본에서는 구조주의라고 하면 레비–스트로스C. Lévi-Strauss의 이름이 제일 먼저 거론될 것이다.

구조주의생물학은 언어학자 소쉬르F. Saussure, 혹은 기호론의 퍼스C. Peirce같은 구조주의자의 생각을 생물학에 응용하려는 시도다.

이 접근법은 명명命名, 즉 언어와 대단히 커다란 관계가 있다. 언어는 세계를 절취하여 그것을 어떤 동일성에 끼워 맞추는 성질을 갖고 있다. 예를 들면 '개'라고 할 때 우리는 개란 어떤 존재인지 명시적으로 기술하지 않아도 개라는 동일성을 머릿속에 떠올릴 수 있다. 이는 '고양이'의 경우에도 그렇고 다른 뭐가 되어도 마찬가지다.

과학은 이 동일성을 최대한 명시적으로 만들고자 하는 욕망, 현상을 보편불변의 것universal and invariant 안에 밀어 넣고 싶은 욕망을 늘 갖고 있다.

이는 과학의 특징 중 하나로서 플라톤의 이데아론과 동형적인 것이다. 플라톤의 이데아론은 예컨대 고양이의 경우 고양이의 이데아가 있다고 보는데, 그것은 시공간을 초월하여 언제라도 같은 것으로서 존재한다고 하는 사고방식이다. 과학은 바로 그러한 존재를 발견하는 것을 목표로 하고 있다.

물리학이나 화학 등이 다루는 물질은 바로 그러한 존재로서, 과학이 구상(발견)한 것이다. 예를 들어 물은 화성에서든 지구에서든 H_2O라는 보편불변의 물질이라고 되어 있다.

그런데 세계에는 그렇게 간단히 처리되지 않는 것이 많이 있다. 우리가 늘상 자연언어로 말하는 생물의 이름만 해도 그렇다. 예컨대 보편불변의 '고양이'를 구상할 수가 없는 것이다. 그렇지만 과학은 될 수 있는 한 그것을 희구한다.

옛날식으로 말하면 그것은 중세의 보편논쟁에서 실념론과 유명론의 관계라고 할 수 있다.

실념론realism이란 고양이라면 고양이라는 것의 본질이 있고 '고양이'라는 보편명사는 그 본질을 가리킨다고 하는 주장이다.

한편 유명론nominalism은 집합론적 사고방식, 혹은 류(類, class)라는 사고방식이다. '고양이'는 개체의 집합이지 고양이라는 본질이 있는 게 아니며 '고양이'는 그러한 집합에 대해 붙여진 이름이라고 본다. 이 두 가지 사고방식 간에는 대단히 커다란 차이가 있다. 과학은 본질적으로 실념론적인 형태를 취하지 않으면 매끄럽게 진행될 수 없는 측면이 있으며, 늘 어딘가에 실념론적인 것을 구축하려고 하는 하나의 욕망을 가지고 있다. 그럼에도 불구하고 생물은 유명론적일 수 없다는 숙명이 다른 한편에 존재한다.

생물은 DNA로 환원될 수 없다

다윈주의는 종에 관해서는 완전히 유명론적인 이론이다. 예를 들어 고양이라는 종의 실재를 다윈주의는 인정하지 않는다. 고양이는 서서히 진화하여 다른 것이 될 것이다. '고양이'라는 것은 다만 고양이 개체들의 집합을 지시하는 이름에 불과하다.

그런 의미에서 다윈이 창시한 진화론은 종의 유명론을 옹호하는 이론이다. 다만 유명론만으로는 어엿한 과학이 되지 않기 때문에 다윈주의는 단독으로는 제대로 된 과학이 될 수 없었다. 다윈주의가 과학이 될 수 있었던 것은 생물 배후에 유전자라는 실체를 배치했기 때문이다.

그것이 바로 신다윈주의이며 과학으로서 대단한 성공을 거둔 것도 그런 측면에서 가능했던 것이다.

그런데 DNA는 실체니까 예컨대 고양이의 본질이 DNA로 환원될 수 있다고 하는 논리는 실념론이다. 다시 말해서 신다윈주의는 유전자에 관한 한 실념론에 해당된다.

고양이의 본질을 '고양이'라는 자연언어가 아니라 고양이가 갖고 있는 DNA로 환원함으로써 신다윈주의는 아주 매끄러운 이론이 되었다. 그런 한에서는 예를 들어 물을 연구하는 화학자가 "물은 H_2O고, H_2O는 보편불변이다"라고 하는 것과 닮았다.

그런데 문제는 뭐냐 하면, 물과 H_2O는 거의 같다고 생각해도 별로 문제가 없지만, 그와 달리 고양이와 고양이의 DNA는 같지가 않다는 사실이다. 고양이의 DNA는 어디까지나 고양이의 DNA일 뿐이다. 고양이의 DNA를 세포 안에 갖고 있는 동물을 고양이라고 할 수는 있지만 고양이의 DNA가 고양이는 아닌 것이다.

'H_2O는 물이다'라는 것도 실은 어려운 문제가 있다. 예컨대 H_2O

분자를 하나 취해서 진공 시험관에 넣었다고 할 때 그것을 물이라고 생각할 사람은 아무도 없다. 우리는 H_2O가 많이 모여 그것이 서로 어떤 커뮤니케이션을 하면서 운동을 하는 상태가 되지 않으면 물이라고 간주하지 않는다. 커뮤니케이션 속도가 늦어진다든가 빨라진다든가 하면, 얼음이나 수증기가 되어 물의 상태가 달라져 버린다.

H_2O가 서로 커뮤니케이션을 하고 있는 상태를 물이라고 부른다면, H_2O와 H_2O 사이의 공간이 물이냐 아니냐라는 골치 아픈 논의가 발생한다. 그러니까 H_2O는 물이라고 단순히 말할 수는 없는 것이다. 그렇지만 대략적인 관점에서 H_2O 그 자체를 물로 환원하는 구도는 일단 성립한다고 할 수 있다. 반면 생물의 경우에는 생물의 이름을 DNA로 환원할 수 없다는 복잡한 사정이 있는 것이다.

동일성은 시간을 산출한다

하지만 종의 실념론을 옹호하려고 한 사람도 있다.

그 대표적인 인물이 이마니시 긴지다. 그는 종을 실재라 간주하며 실념론을 옹호했다. 실념론을 옹호하는 한, 최종적으로 담보된 실재는 일단 보편불변이기 때문에 그것이 변할 때는 갑작스럽게 변하지 않으면 안 된다. 그렇기 때문에 그는 "종은 변해야 할 때가 오면 돌연히 변화한다"고 말했던 것이다.

마찬가지로 신다원주의자는 유전자(DNA)에 관해서는 실념론을 옹호하기 때문에 DNA는 변해야 할 때가 오면 돌연 변화한다는 논리를 택하게 된다. 그러므로 신다원주의진화론과 이마니시진화론은 어떠한 레벨에서 실념론을 구축하는가라는 차이, 즉 전략의 차이밖에 없다고 할 수도 있다.

그런데 보통명사에는 유명론이니 실념론이니 하는 이야기가 가능하다고 해도, 고유명은 통상적으로 개체를 가리킨다고 여겨진다. 그러나 진짜 그런 것일까?

　아주 단순한 이야기를 해보자면 나는 '이케다 기요히코'라는 고유명을 가지고 있다. '이케다 기요히코'라는 이름은 나를 가리킨다. '이케다 기요히코'라는 이름은 어떤 동일성을 담보하는 보편불변의 것이다. 그렇지만 나는 조금씩 조금씩 변한다. 그렇다고 한다면 '이케다 기요히코'가 내 안에 존재하는 어떤 보편불변의 실체 같은 것을 가리킨다고 할 수 있을까? 아무래도 그렇게는 생각되지 않는다.

　이름은 동일성을 담보하지 않으면 곤란하다. 요로 다케시養老孟司에 의하면 이름이 동일성을 담보하지 못할 경우 가장 곤란한 것은 빚쟁이라고 한다. 예를 들어 '이케다 기요히코'가 3년 전에 돈을 빌렸고 이제 3년이 지나 빚쟁이가 빚을 받으러 왔다고 해보자. "지금의 이케다 기요히코는 3년 전의 이케다 기요히코가 아니다. 3년 전의 이케다 기요히코로 되돌려 놓고 빚을 받으라"고 빚쟁이를 쫓아 보낼 수 있으면 여북이나 좋겠는가마는 그렇게 할 수는 없다. 여기서는 '이케다 기요히코'라는 이름의 동일성이 사회적 구속으로 기능하고 있다.

　태어났을 때의 나에서부터 죽을 때의 나까지, 그러한 모든 현상계열의 집합에 대해 '나'라는 이름이 붙는다고 생각할 수도 있다. 이 경우 '나'라는 실체 혹은 실념론적인 존재는 그 어떤 것도 존재하지 않는다. 이는 고유명에 반하는 유명론이다. 이러한 주장을 하는 사람이 꽤나 많은 것 같다.

　그렇지만 '이케다 기요히코'라는 이름의 동일성은 진짜로 없는 것일까?

만일 내가 내일까지 죽지 않고 살아 있으면, 나는 내일이 되면 조금이라도 어쨌든 변화할 것이다. 허나 내일 나를 본 사람은 약간 다른 나임에도 불구하고 여전히 나라는 사실을 금세 알 수 있다. 그것은 얼굴, 말투, 손동작 등 '이케다 기요히코' 라는 이름으로 환기되는 어떤 동일성을 '내일의 나' 가 갖고 있을 것이기 때문이다.

그런데 그 동일성은 명시적인 것은 아니다. 나는 서서히 변하고 있고 미래의 나는 예측불가능하기 때문에 동일성을 기술하려고 해봐도 기술이 불가능하다. 나의 동일성은 미리 결정되어 있는 것도 아니고 최종적으로 담보할 수 있는 것도 아니다. 사정이 그러함에도 불구하고 내게 동일성이 있다는 사실은, 결국 동일성이 시간을 산출한다고 생각해야만 이해할 수 있다.

사실은 고유명뿐만이 아니라 보통명사라고 불리는 것, 혹은 자연언어에서 담보되어 있는 것들은 모두 시간을 산출하는 동일성을 품고 있다. 이름이란 시간을 산출하는 형식이다.

이는 내게 있어서 대단히 큰 발견이었고 『구조주의와 진화론』이라는 책에도 쓴 바 있다. 생물은 실은 시간을 산출하는 동일성인데, 과학은 그렇게 시간을 산출하는 동일성을 시간을 산출하지 않는 동일성으로 기술하고 싶어 한다. 그것을 실념론과는 다른 방식에서 실현하려고 하는 것이 바로 구조주의적 접근이 우선적으로 주장하는 바이다.

실체 개념과 관계 개념

뉴턴·데카르트적 세계관은 완전히 실체 개념에 바탕을 두고 있다. 최종입자와 거기에 작용하는 최종법칙을 상정하면 모든 것이 결정론적으로 결정된다. 생물도 그런 방식으로 전부 기술할 수 있다면 어떤 의미에서는 가장 바람직하겠지만, 그런 형태로는 절대로 기술할 수 없을 것이다.

실체 개념에 대응하는 것으로서 관계 개념이 있다. 관계 개념을 생각할 경우, 구조주의적인 것을 빼고는 아무것도 할 수 없다. 그러니 여기서 잠시 소쉬르의 구조주의에 대해 얘기해 보기로 하자. 그의 구조주의가 생물의 유전암호계와 대단히 잘 부합하는 사고방식이라는 사실이 1985년 무렵 시바타니 아츠히로柴谷篤弘에 의해 발견되었다.

소쉬르는 잘 알려져 있듯이 스위스의 언어학자로 극히 조숙한 사람이었으며 아주 이른 나이 때부터 매우 뛰어난 논문을 썼다. 그가 처녀 논문을 쓴 것은 겨우 14세 때의 일이었다. 그가 라이프치히대학에 유학갔을 때, 교수가 그에게 "스위스에 페르디낭 드 소쉬르라는 유명한 학자가 있는데, 자네의 친척쯤 되냐"하고 묻자 당시 20세 될까 말까 했던 학생 소쉬르가 "제가 바로 그 사람입니다"라고 답하여 교수가 크게 놀랐다는 에피소드는 그의 조숙함을 보여 주고 있다.

소쉬르는 젊은 시절 음운론을 연구하였는데 21세 때에 출판한 「인도유럽어 원시 모음의 체계에 관한 논문」이라는 제목의 논문은 당시 언어학계를 뒤흔들었다. 얼마 뒤 소쉬르는 언어기초론 쪽으로 눈길을 돌려 언어의 자의성을 강력하게 주장하였는데 이 자의성이라는 개념은 구조주의생물학의 중요한 키워드다.

실념론적으로 말하자면 예컨대 '개'라는 단어는 개라는 실체, 즉 실념론적인 어떤 것에 대해 붙여진 이름으로, 그 존재근거를 가지는 것이라고 생각된다. 이에 반해 소쉬르는 '고양이', '개'라는 이름은 하등의 실념론적 근거가 없는 것으로서, 자의적인 구분에 대해 붙여진 것이라고 생각했다.

자의성의 발견

소쉬르류의 해석에 의하면 언어는 시니피앙과 시니피에로 이루어지는 사인(sign, 기호)이다. 시니피앙은 '나타내는 것'으로 예컨대 '개', '고양이' 등의 음운이나 쓰인 단어가 그에 해당한다. 이에 반해 '개'로 표현되는 어떤 현상 내지 외부세계에 존재하는 것을 시니피에라고 한다.

이 두 가지가 결부된 것이 소쉬르에게 있어서의 기호인데, 소쉬르의 본질적인 사고방식에서 볼 때 시니피앙으로 표현되는 시니피에에는 실체로서 존재하는 게 아니라 적당히 결정되는 것이다.

요컨대 '개'라는 이름은 어떠한 개라는 실체에 대해서가 아니라 세계를 적당히 잘라낸 분절에 대해 부여되고 있다는 얘기다.

가장 간단한 예를 들자면 우리는 무지개가 일곱 색깔이라고 생각한다. 하지만 실제로 무지개는 스펙트럼이니까 색은 연속적으로 변화하고 있다. 우리는 그것을 일곱 색깔로 적당히 분절하고 있을 뿐, 그 분절 방식에 근거가 있는 것은 아니다. 미국에서는 무지개를 여섯 색깔이라 생각하는 사람들이 많고 주니족이라는 인디언들의 경우에 무지개는 다섯 색깔이라고 하며, 또한 두 가지 색깔이라고 여기는 민족도 있다고 한다.

만일 누군가가 "무지개는 10색"이라는 교단을 창시하여 "무지개는 10색이다", "무지개는 10색이다"라고 외치면, 그 교단 사람들에게는 무지개가 10색으로 보이게 될지도 모른다. 무지개의 색깔은 일곱 가지 동일성으로 분할할 수도 있고, 둘이나 열로도 분할 가능하다. 동일성의 분할 방식에 근거는 없다는 것이 소쉬르의 주장이다.

음운 또한 자의적으로 결정된다. 일본어에서는 모음이 다섯 가지이지만, 태국에서는 열 가지가 넘는다. '아'의 경우 미국에서는 ə·æ·ʌ·ɑ 같은 구별이 있지만 일본인들은 그걸 모두 한 가지 음으로 인식하기 때문에 ə·æ·ʌ·a의 구별이 용이하지 않다. 자음 r과 l의 구별도 일본인들은 곤란하여 일본인의 영어 발음이 좋아지는 데 장애가 된다. 이것은 외국어에만 해당되는 얘기가 아니다. 나는 도쿄의 번화가에서 태어났기 때문에 '히'와 '시'의 발음을 잘 구별할 수가 없어서 종종 (표준발음은 '아사히' 신문인데) '아사시' 신문이라고 한다든가 (100엔의 표준발음은 '햐쿠엥'인데) '샤쿠엥'이라고 해서 아내에게 웃음거리가 되곤 한다.

동일성을 나눌 때의 기준이 자의적이라는 것은 소쉬르의 매우 큰 발견이었다. 그런데 자의성에는 분절자의성 외에도 대응자의성이 있다.

대응자의성이란 '개'라는 시니피앙과 '개'라는 시니피에가 자의적으로 대응한다는 말이다. 영어에서는 개를 '도그'라고 한다. 개를 '고양이'라고 해도 이야기가 통하기만 하면 괜찮은 것인데, 모두가 '개'라고 하고 있으므로 '개' 이외의 단어를 사용하면 이상한 사람 취급을 받게 된다. 우리는 그렇게 취급받지 않기 위해 '개'라고 하고 있을 뿐이다.

두 가지 분절자의성

분절자의성은 나아가 두 가지로 나눠 볼 수 있다.

우선은 이미 말했듯이 몇 가지 대상을 하나의 동일성으로 회수回收하는 방식에 있어서의 자의성이다. 예를 들면 대상에 이름을 붙일 때, 그 대상을 언어든 법칙이든 뭐든 상관없으니까 어쨌거나 하나의 동일성하에 적당히 묶는다. 이 자의성은 통상적으로 매우 강한 구속성을 가져서 묶인 이후에는 무슨 커다란 근거가 있는 것처럼 보이지만, 묶을 당시에는 사실 별 근거도 없다.

이것은 역사라는 것을 생각하면 금세 이해가 된다. 에도 시대에서 메이지 시대가 되면, 우리는 마치 거기서 시대가 확실히 반전된 것처럼 생각한다.[8] 에도 시대의 최후와 메이지 시대의 첫머리는 전혀 다르다는 식으로 느낀다. 하지만 당시에 살았던 사람의 관점에서 보면 실은 그닥 큰 차이가 없고 오히려 연속적인 측면이 강했을 터이다.

우리는 역사를 어떤 자의적인 동일성하에 묶기 위해 에도니 메이지니 하는 시대 구분을 한 것일 뿐이다. 지금 역사교과서가 여러 가지로 문제가 되고 있지만, 역사는 자의적인 동일성으로 묶인 것이다. 그런 의미에서 역사는 이야기이지 사실이 아니라는 점은 당연한 것이다.

역사는 다만 연속적으로 흘러갈 뿐이다. 예를 들어 인간의 2천 년 역사를 그대로 재현하기 위해서는 2천 년이 걸린다. 내가 여기서 책을 쓰고 있는 것은 역사에 남지 못할 수도 있겠지만, 그것도 역사의 한 장면임에는 틀림이 없다. 그렇지만 우리는 그것을 모두 재현하고 기술할 수는 없는 노릇이다. 그래서 역사를 반드시 어떤 동일성하에 묶고 시대 구분을 하며 적당한 이야기를 끼워 넣어 역사가 마치 어떤 동일성하에 묶이는 양 이야기하는 것이다.

그런 의미에서 객관적인 역사란 존재하지 않는다. 누군가가 결정한 동일성에 의해 분할된 역사가 있을 뿐이다. 그런 역사가 교과서에 쓰여서 우리는 무로마치 시대, 에도 시대, 메이지 시대라는 매듭들을 당연하다고 여겨, 그것을 바꾸려는 생각을 하지 못할 뿐인 것이다. 다시 말해서 역사는 그러한 동일성에 강하게 구속되어 있는 것이다.

---

8) 에도(江戶) 시대는 1603년부터 1867년까지이며 메이지(明治) 시대는 그 다음인 1868년부터 1912년까지의 시기다. 저자가 일본의 많은 역사 시기 중 유독 이 두 시기를 예로 든 데는 이유가 있다. 일본은 1868년 메이지 유신을 기점으로 근대가 시작되며 그 이전인 에도 시대는 전근대가 된다. 따라서 양 시기 간에는 일본사에서 가장 근본적인 단절이 있다고 통상적으로 간주되는데, 저자는 그런 식의 동일성하에 수많은 이질성들이 환원되어 버리는 사태에 대해 지적하고자 한 것이다. ─옮긴이

분절자의성에는 이러이러한 대상을 어떻게 나눌까라는 분절자의성과 함께 대상을 지시하는 시니피앙을 어떻게 잘 모아서 대상에 맞출까, 라는 분절자의성이 있다. 예컨대 '개=gae'를 구성하는 음운 자체도 자의적인 동일성에 의해 결정되어 있다는 점은 이미 말한 바와 같다.

'gae'는 'g', 'a', 'e' 이렇게 셋이 모여 하나의 의미를 갖는다. 의미를 갖는다는 것은 그것이 어떤 시니피에에 대응한다는 것이다. 단어의 의미란 단어가 가리키는 대상을 말한다. 어떤 것에도 대응하지 않고 아무것도 의미를 갖지 않는 것은 단순한 기호에 불과하다. 이렇듯 몇 가지 음운을 모아서 어떤 시니피앙을 만드는 방식도 자의적이다.

시니피앙과 시니피에를 어떻게 대응시킬까도 자의적이며, 대상을 어떤 식으로 분절할까, 혹은 시니피앙 자체를 어떻게 만들까도 자의적이다. 말은 분절자의성과 대응자의성에 의해 결정된다.

소쉬르는 언어는 자의적인 것이며 따라서 실체를 가리키는 게 아니라고 강하게 주장했다. 이는 실념론에 대한 일종의 비판으로, 언어는 유명론적으로밖에는 존재할 수 없다는 것이 소쉬르 구조주의의 가장 커다란 특징이다.

최종 규칙과 법칙은 자의적으로 결정된다

소쉬르의 이런 사고방식은 반실체주의다. 여기에는 실체성이 없고 관계성만이 존재한다. 동일성과 차이성에 의해 묶여진 이런저런 요소들(실체인 듯이 보이지만 실은 실체가 아닌 것) 간의 관계성의 체계가 언어다.

나아가 언어에는 예컨대 '개가 걷는다'라는 표현은 가능하지만 '가 개 걷는다'라는 표현은 불가능하다고 하는 언어의 연사連辭 규칙이 있다. 또한 연합連合 규칙도 있다. 언어의 그런 규칙들도 실은 자의적으로 결정된다. 분절자의성, 대응자의성 외에 언어의 규칙 또한 자의적으로 결정되는 것이다.

여기서 중요한 것은 규칙이 자의적으로 결정된다는 사실이다. 물리학자나 화학자들은 보통 규칙은 필연적으로 결정된다고 생각하지만, 규칙은 어떤 경우에도 자의적으로 결정된다.

예를 들어 빅뱅 이후 네 가지 힘이 나뉘어 세계가 생겼다고 하는데, 소립자물리학이나 빅뱅을 연구하고 있는 동료들의 말을 빌리면, 그것도 역시나 자의적으로 결정되었다고 한다. 만일 최종 규칙이 있다면 이것은 최종이니까 자의적으로 결정될 수밖에 다른 방법이 없다. 최종 규칙에 근거가 있다고 한다면 다시 그 근거가 최종 규칙이 되어 버릴 것이다. 요컨대 최종 규칙이나 법칙은 자의적으로 결정된다고밖에는 생각할 수 없는 것이다.

그러나 자의적으로 결정된 규칙은 그 뒤의 다양한 사물을 속박한다. 이것이 언어의 구속성이다. 자의성과 구속성은 쌍을 이룬다. 자의적이라는 것은 그러므로 '아무렇게나' 와는 다르다. '아무렇게나' 는 구속성이 없으니까 우리가 말하는 자의성과는 다르다.

규칙은 결정될 때에는 자의적이지만 결정된 규칙은 다음의 사물을 속박한다. 언어도 일단 결정되어 버리면, 예컨대 개라는 시니피에를 가리킬 때는 반드시 'gae' 라는 음성이나 단어 혹은 글자를 쓴다. 우리는 언어를 마치 대단한 전제라도 되는 듯이 여겨야만 한다.

유전암호라는 언어

소쉬르가 생각한 이러한 구조주의가 생물학하고 대체 무슨 관계가 있는 것일까. 1960년대에 밝혀진 아미노산과 DNA의 대응규칙이 실은 자의

구조의 구체적인 예

구조(이름)	유니트	표면현상	구조의 본질
개별언어구조 (기저)	시니피에, 시니피앙	기호(signe)	시니피에와 시니피앙의 대응규칙 (실정實定불가능)
개별언어구조 (연사·연합관계)	기호	파롤	연사규칙, 연합규칙
고전주의 시대의 에피스테메	기호, 외부현상	관찰기술(觀察記述)	외부현상에 대하여 명칭(기호)을 부여하는 것
쿼크의 구조	쿼크	양성자, 중성자	쿼크가 조합되는 규칙
유전암호계	코돈, 아미노산	단백질	코돈과 아미노산의 대응규칙
면역계	항원, 항체	항원-항체 네트워크	항원, 항체 대응규칙

이 표는 다양한 구조의 단위(분절자의성과 대응자의성을 담당하는 요소)와 표면 현상과 구조의 본질을 보여 준다(『구조주의생물학이란 무엇인가』構造主義生物學とは何か에서)

적으로 결정된다고 여겨지기 때문이다.

세상에는 많은 종류의 아미노산이 있다. 그 종류는 200종이나 된다고 한다. 그렇지만 신기하게도 생물이 사용하고 있는 아미노산은 20종류밖에 안 된다. 왜 아미노산을 20종밖에 사용하지 않을까. 그런데 이것 또한 특별히 다른 근거가 있는 것은 아니다.

우연히 최초의 생물이 20종의 아미노산만을 써서 세계를 구축했기 때문에 그 규칙을 다른 생물들도 줄곧 답습하고 있을 뿐이리라.

사용하는 아미노산의 종류를 확장하는 기술을 개발하면, 지금까지 존재하지 않았던 전혀 다른 생물이 생길 수도 있다.

한편 DNA는 아데닌(A), 티민(T), 시토신(C), 구아닌(G)이 죽 이어져서 형성된다. AGA, AAA, AAC, AAG 등 셋이 한 조가 되고, 이것에 하나의 아미노산이 대응함으로써 단백질을 지정한다.

이러한 지정 방식을 구사하는 이유는 기능적으로는 간단히 설명할 수 있다. 염기는 A, T, C, G 이렇게 네 가지밖에 없으니까 염기 두 개의 서열로 아미노산을 지정하려고 하면 $4 \times 4 = 16$, 즉 아미노산을 16종류밖에 지정할 수 없다.

이걸 하나 더 늘려 $4 \times 4 \times 4$ 이렇게 염기 세 개의 서열로 구성하면 64종류의 암호가 생겨, 20종의 아미노산을 지정하는 데에는 충분하다. 3개 1조에 아미노산 하나가 대응하는 방식은 이렇듯 기능적인 이유는 있지만, 그 물리화학적 근거를 묻는다면 답할 수 없다. 아미노산과 염기의 대응은 우연히 자의적으로 결정되어 있는 대응자의성의 한 예다.

연구자 중에는 유전암호가 물리화학적인 관점에서 한 가지로 결정되어 있다고 주장하는 사람도 있지만, 그렇게는 좀체로 생각하기 어려운 측면이 있다.

예컨대 미토콘드리아 DNA, 혹은 짚신벌레의 동료인 원생동물 중에는 우리와는 조금 다른 예외적인 유전암호를 가진 놈들도 존재한다.

그것은 유전암호라는 것이 본래 자의적인 것임을 보여 준다고 생각된다. 유전암호를 만드는 방식이 엄밀히 한 가지로 결정되어 있는 것이라면, 국소적인 차이는 설명하기 어려워진다. 물론 거의 대부분의 생물의 유전암호는 같다.

다윈이 말하듯이 생물들이 계통적으로 연속되어 있다면, 유전암호 즉 생물의 언어는 아주 오래 전에 결정된 최초의 규칙에 구속되어 있어서 그리 간단히는 변하지 않을 것으로 생각된다.

생물은 기호론적으로 세계를 해석하는 고분자 집합체

생물을 구조주의적으로 본다는 것은 유전암호계 이외의 다양한 규칙들 또한 자의적으로 결정되어 있다고 생각하려는 것이다. 유전암호뿐만 아니라 다양한 고분자들간의 대응을 자의적이라고 생각하는 것이다.

그렇게 생각하면 생물은 기호론적으로 세계를 해석하는 고분자 집합체라고 보는 편이 오히려 여러 가지로 잘 들어맞는다.

ATP는 아데노신이라는 물질에 인산이 셋 붙은 고분자다(A-P-P-P). ATP의 T는 트리플이라는 의미다. ATP의 P가 한 개 없어지면 ADP(D는 더블)로 바뀌면서(A-P-P) 에너지가 나온다. 우리는 이 에너지를 사용하여 살고 있다.

그런데 P가 또 하나 없어지면 AMP(M은 모노)라는 물질이 된다(A-P). 이 안에 분자구조가 똑바로가 아니라 휘어져 묶여서 원환을 이루는 것이 있어, 사이클릭環狀AMP라고 한다. 사이클릭AMP는 보통 인체 안에서 호르몬의 2차 메신저로 기능한다.

예를 들어 분비된 호르몬은 최종적으로 어떤 타깃을 향해 간다. 성장호르몬이라면 뼈 쪽으로 향해 가서 뼈를 잡아 늘이는 등의 작용을 한다. 또한 글루카곤이라는 호르몬은 글리코겐을 분해하여 당糖으로 만들고, 인슐린은 역으로 당을 글리코겐으로 합성해 간다.

이들 호르몬은 예컨대 인슐린이나 글루카곤이라면 췌장의 랑게르한스섬으로부터 분비되어 혈액 속으로 들어가 타깃이 되는 기관에 도달하여 "빨리 합성해"라든가 "빨리 분해해" 등의 지령을 내린다.

그때 호르몬은 직접 타깃에 작용하는 것이 아니라 사이클릭AMP를 매개로 명령을 전달한다. 사이클릭AMP는 중개물질, 즉 2차 메신저 역할을 수행한다. 그렇지만 사이클릭AMP가 왜 2차 메신저 역할을 수행하는지는 밝혀져 있지 않다. 우연히 그렇게 자의적이고 기호론적으로 결정되어 있다고밖에는 말할 수 없다.

사이클릭AMP가 그 이외의 곳에서 어떤 역할을 하고 있느냐 하면,

사이클릭AMP의 작용

생물명	작용
인간	호르몬의 이차 메신저
점균류	집합 페로몬
대장균	기아의 표지(marker)

사이클릭AMP는 생물에 따라 다른 의미를 갖는 분자기호로서 기능한다.

예를 들어 미나카타 구마구스南方熊楠가 연구한 것으로 유명한 점균류의 경우, 세포가 집합하여 움직여 가는데, 사이클릭AMP는 그 점균의 집합 페로몬으로 사용되고 있다. 사이클릭AMP가 있으면 기본적으로 점균이 모여든다.

그때 사이클릭AMP는 따로 실 같은 것이 있어서 점균을 잡아당기는 게 아니다. 이것은 "모여!"라는 지시를 발하는 분자기호계로 작용하고 있다고밖에는 생각할 수 없다. 점균에게 있어서 사이클릭AMP는 "모여!"라는 하나의 기호다.

또한 대장균 안에서 사이클릭AMP는 기아饑餓의 표지다. 먹이가 없으면 사이클릭AMP가 나와서 여기에는 먹이가 없다는 것을 알려 준다. 그러면 대장균은 지금까지 먹이로는 쓸 수 없었던 것을 먹이로 삼기 위해 대사 방식을 바꿔 버린다.

이렇게 사이클릭AMP가 각각의 경우에 해당하는 기호로 작용하는 것에 대해서는 물리화학적인 근거가 없다.

이는 자의적으로 결정되어 있다. 이렇게 자의적으로 결정되는 기호계를 모르면 생물도 이해할 수 없는 게 아닐까. 언어에서도 '개'라는 표기가 왜 개를 가리키는가에 대해 물리화학 법칙만 연구해 가지고는 알 수 없는 것과 마찬가지다.

생물은 물리화학계보다 복잡한 계여서 물리화학계로부터 일률적으로 연역되지 않는 어떤 기호론적인 관계성을 상정하지 않으면 아무래도 알 수 없는 부분이 있는 게 아닐까. 그러한 관계성을 생각하지 않고 DNA만을 열심히 연구해 가지고는 DNA와 형태, DNA와 행동의 대응밖에는 알 수 없고 진정으로 생물이 무엇을 하고 있는지에 대한 연구는 전혀 진척이 안 되는 게 아닐까. 바로 이런 문제의식 때문에 우리는 소쉬르류의 구조주의생물학으로 생물에 접근하려 하는 것이다.

2. 공시성과 구속성

언어의 탄생

언어는 어떻게 생기는 걸까.

요시모토 다카아키吉本隆明의 책을 읽어 보면 원시인이 바다를 보고 '밧' 이라고 외친 것이 언어의 발단이 되었다고 하는 미덥잖은 이야기가 쓰여 있다. 그게 사실이든 아니든 간에 신다원주의적인 사고방식에서는 뭐든지 점진적으로 생겨난다고 생각하니까 언어도 서서히 생겨난 게 될 테지만, 소쉬르는 언어라는 게 단숨에 생겼다고 생각했다.

단숨에 생기는 성질을 공시성이라고 하는데 이는 구조주의의 특징 중 하나다. 역사는 물론 서서히 움직이지만 역사 안에서 예컨대 언어구조 같은 것은 단숨에 생겼다고 보는 편이 사실은 이해하기가 더 쉽다. 단숨에 생기지 않으면 동일성과 차이성의 규칙은 정립되지 않는다는 것이 구조주의의 테제다. 한번 정립된 동일성과 차이성, 혹은 그에 따라 담보된 동일성과 다른 동일성 간의 자의적인 관계성은 일단 성립되고 나면 이후에는 구속으로 작용한다. 그것은 언어를 보면 알 수 있다.

얼마 전에 잡지 『현대사상』에서 청각장애인문화聾文化를 특집으로 꾸몄을 때, 수화 이야기를 쓴 적이 있다. 언어는 서서히 생겨난 게 아니라 한꺼번에 생겼다는 것이 소쉬르의 이론적 도달점인데, 흥미롭게도 수화가 이를 구체적으로 실증해 준다.

수화는 손을 이용한 언어로 예전에는 판토마임 같은 것이라고 생각되었지만, 최근 미주 쪽에서는 수화언어학이 발달하면서 수화는 확실한 규칙을 가진, 꽤나 본격적인 언어로 간주되고 있다.

심신장애가 없는 사람이 하는 일본어 대응 수화나 영어 대응 수화는 진정한 수화가 아니다. 일본어 대응 수화는 일본어를 판토마임으로 표현하려고 한 것으로 결국 일본어다. 반면 일본수화는 일본어와는 전혀 다른 문법을 가진 별개의 언어다.

수화는 손만이 아니라 얼굴 표정이나 몸의 움직임도 사용한다. 손동작과 함께 얼굴 표정 등으로 다양하고 세세한 뉘앙스가 표현되기 때문에, 대단히 복잡한 것도 전달될 수 있다. 우리가 사용하는 음성언어는 단선형單線型 언어로 "저는 이케다 기요히코라고 합니다"라고 하는 말에서 알 수 있듯이 처음부터 끝까지 전부 이야기하지 않으면 의미가 통하지 않는 식으로 되어 있다.

하지만 수화는 단선형 언어가 아니라 복선형 언어라서 예컨대 얼굴 표정으로 문장의 내용을 크게 틀 지어 놓고 수화로 세세한 사항을 표현하면 두 가지 측면이 함께 작동하면서 정보량이 많아진다. 나는 원리적으로는 수화 쪽이 우리 음성언어보다 진전된 언어가 아닐까 생각한다.

니카라과 수화의 예

니카라과에서는 수화를 단숨에 생겨난 것으로 본다.

산디니스타Sandinista 정권하인 1979년, 니카라과에 최초의 농학교가 생기자 거기에 아이들이 모여들어서 농아들끼리 커뮤니케이션을 하게 되었는데, 그 과정에서 니카라과 수화가 탄생했다고 한다. 흔히 농아학교에서는 대응수화와 구어 훈련을 한다.

청각장애인들 대부분은 귀가 들리지 않아서 말을 못하게 되는 것이지, 음성발성기능에 문제가 있는 게 아니다. 어떤 식으로 발성을 했을 때 어떠한 소리가 나오는지를 알 수 있으면 말을 할 수가 있다.

그러나 스스로 '아'라고 발음을 해도 자기 귀로는 들리지 않는다. 피드백이 없기 때문에 자신이 어떤 음성을 냈는지 모르고, 그래서 자신이 무엇을 말했는지 상대에게 물어보고서 자기가 옳게 했는지 여부를 확인하면서 연습을 해나간다. 이것이 구화口話 훈련이다. 나아가 상대방 입의 움직임을 읽고 무엇을 말하고 있는지 이해하는 훈련도 있다.

하지만 그러한 훈련은 청각장애인에게 대단히 힘들다. 그들은 그런 고된 훈련을 하고 싶지 않을 것이다. 자신들이 수화를 만들어 그것으로 의사표시를 한다. 니카라과의 농학교에는 처음에는 상당히 큰 아이들이 많이 들어왔다.

그들은 자기 집에서 비장애자인 부모와 판토마임 같은 커뮤니케이션을 한다. 육친이니까 이심전심으로 이해할 수 있는 그런 측면도 있었을 터인데, 어쨌거나 그들은 그러한 판토마임을 농학교에 가지고 와서 정규 시간 이외에 친구들과 커뮤니케이션을 했다. 그러다 보니 어느새 새로운 언어가 만들어졌다고 한다.

예를 들어 서로 자신의 언어밖에 알지 못하는 사람끼리 어찌 되었든 커뮤니케이션을 해야만 하는 상황이라고 해보자. 서로 상대의 어휘와 문법 등을 모두 모르는 상태니까, 두 언어를 적당히 섞어서 언어가 만들어져 간다.

그런 식으로 문법도 확실치 않은 짬뽕 언어를 '피진'pidgin이라고 한다. 피진을 계속 사용하면 다음 세대 사이에서는 어느새 '크레올creole 언어'가 생겨난다. 이것은 두 가지 언어를 융합한, 그러면서도 기존의 두 가지 언어와는 독립적인 문법체계를 가진 새로운 언어가 된다. 이와 같은 사태가 니카라과 농학교에서 극히 단기간 안에 발생한 것이다.

니카라과 수화는 처음 생겨났을 때에는 LSN Lenguaje de Sigos Nicaragüense이라고 해서, 언어학에서 말하는 피진에 해당하는 것이었다. 그렇게 피진을 가지고 말하는 곳에 수화든 뭐든 전혀 알지 못하는 4~5세짜리 어린아이들이 들어왔고 애들이 10세 정도의 아이들이 하는 LSN을 보고 자란다. 그들은 거기서 완전한 크레올인 니카라과 수화, ISN Idioma de Señas de Nicaragua을 고안해 냈다고 한다.

ISN은 필시 4~5년 정도의 단기간 안에 만들어졌을 것이라 생각된다. 이 사실은 체계, 즉 구조라는 것이 몇만 년은 걸려야 생겨나는 것이 아니라 단숨에 만들어진다는 소쉬르언어학을 실증한 것이다.

그런데 생겨난 ISN은 다음에 들어오는 아이들을 구속한다. ISN의 사회에 들어온 아이들은 이제 ISN 이외의 수화는 할 수 없게 되므로, 니카라과의 ISN언어는 이후에도 계속 청각장애인들 사이에서 문화와 전통으로서 전해져 간다. 이는 일본어가 없어지지 않는 것과 같은 사태다.

일본어로 커뮤니케이션을 하는 곳에 들어오는 아이는 일본어를 익힐 수밖에 없으며 일본어를 곧장 습득하고 만다. 이것은 우리 머릿속에 본래 언어를 습득하는 생득적 구조가 있다는 증좌의 하나이기도 하다. 우리는 머릿속에 언어구조를 만드는 능력을 미리 가지고 있어서 선천적으로 말을 할 수 있는 잠재성을 갖고 있다. 그것은 우리의 수정란이 최종적으로 인간이라는 형태를 만드는 능력을 미리 가지고 있는 것과 마찬가지다. 다만 어떠한 방식이 부여되는가에 따라 생겨나는 것이 다를 뿐이다.

선천성과 후천성

내가 이런 이야기를 하면 조금 예전의 언어학을 공부한 사람들은 언어는 후천적으로 익히는 것이라고 반론한다. 그들에게 "그러면 눈은 어떤가"라고 물으면 "눈은 선천적으로 보인다"라고 답한다. 하지만 실은 눈도 후천적으로 학습해서 보이게 되는 것이다. 만일 언어의 후천성을 말하고 싶다면 눈의 후천성과 같은 의미로 사용해야만 한다.

최근에는 수술 기법이 개발되어 선천성 백내장을 앓는 사람도 수술을 받으면 눈이 보이게 된다. 그렇지만 선천성 백내장의 상태로 15~20세까지 성장한 다음, 그 단계에서 수술을 받은 사람은 물리적으로는 빛이 들어와 눈이 보일 것도 같은데, 실은 사물을 제대로 볼 수 없다. 비눗방울 같은 빛 알갱이들이 떠돌고 있는 것처럼 보일 뿐, 입체시가 불가능하다고 한다.

선천적으로 눈이 보이는 사람들은 너무나도 입체시에 익숙해져 봐서 원래 눈은 세상을 입체적으로 보는 거라고 몰아붙인다. 예를 들어 종이에 입방체로 보이는 것을 그려 놨을 경우, 마름모꼴 두 개에 장방형 하나가 붙어 있는 도형이라고는 하지 않고 주사위 같은 형태라고 말한다. 또한 데스마스크death mask를 뒤집어 놓고 찍은 사진을 보면 실은 코가 가장 낮게 되어 있다. 그렇지만 우리는 모두 인간의 얼굴은 볼록하다고 생각하기 때문에 코 쪽이 가장 높다고 한다. 그곳이 움푹 패인 것으로 보이질 않는 것이다.

어렸을 때부터 빛의 자극이 있는 환경에서 살면서 사물을 보는 훈련을 받아 온 사람이 아니면, 사물은 잘 보이지 않게 되어 있다. 선천성 백내장이 있는 사람이 17~18세 때 개안수술을 받은 경우, 수술을 했다고 해서 갑자기 잘 보이지는 않으며 훈련을 받더라도 선천적으로 눈이 보이는 사람하고는 같아지기 어렵다.

이는 언어에서도 마찬가지다. 언어도 그것을 습득할 능력이 있는 시기가 한정되어 있어서, 전혀 말을 못한 채로 20세에 이른 사람에게는 언어를 가르쳐도 능숙하게 말을 할 수는 없다.

오래전에 늑대에 의해서 길러진 소년이 있었는데, 그 소년에게 언어를 가르치려고 시도해 봤지만 조금도 진전이 없었다. 그런 점에서 볼 때 언어는 후천적이라고 하는 것이지만, 사실은 선천적으로 말을 할 수 있는데 적당한 시기에 자극을 받지 못한 까닭으로 말을 할 수 없게 된 것이다.

우리의 머릿속에는 언어구조를 비롯하여 세계를 분절하고 차이화하며 법칙을 생각하는 다양한 능력이 미리 갖추어져 있다. 역으로 말하면 과학은 그렇게 미리 존재하는 능력의 틀 안에서밖에 전개될 수 없다. 그 틀을 넘어선 과학은 없다는 말이다. 우리는 그러한 구속성이 있는 속에서 언어를 사용하고 숫자를 사용하며 세계를 어떤 동일성과 차이성으로 분절하여 생각해 보려고 한다.

물질과 같은 국면에서는 그런 분절방식이 너무나 잘 들어맞기 때문에 물리화학은 그것을 객관적인 것이라고 철석같이 믿지만, 생물학에서는 동일성이 객관적이라기보다는 오히려 우리의 주관 안에 들어 있다고 생각하는 편이 좋다.

조금 다른 식으로 말해 보자면 우리는 세계와의 커뮤니케이션 결과, 어떠한 차이성과 동일성을 구축하고 그것으로써 세계를 해석하려고 한다. 과학에 있어서 객관이라는 것은 실은 주관의 다른 이름일지도 모른다.

3. 형식과 인식

주관주의와 객관주의

주관과 객관이 간단히 분리될 수 있는 게 아님은 이미 말한 바와 같지만, 인식할 때의 동일성이 어디에 있는가에 관해서는 옛날부터 다양한 생각들이 등장하였고 역사적으로 갖가지 변천을 겪어 왔다.

현재 대부분의 자연과학자들은 동일성과 차이성이 모두 외부세계에 자존自存하고 있다고 생각한다. 이는 소박한 실념론이라 불리는 도식으로서 자연과학의 경우엔 그렇게 생각해도 실제로 크게 문제는 없다.

그렇지만 17~18세기 무렵의 사람들은 대부분 그것이 모두 내부세계에 있다고 생각하고 있었다. 인간이 세계를 인식할 경우, 오히려 인간이 주체고 인간 안에 동일성이 있으며, 그것으로 세계를 절취하고 있다고 생각한 것이다.

이러한 두 가지 사고방식의 차이는 대단히 큰데, 단순히 말하자면 주관주의와 객관주의라고 할 수 있다. 데카르트는 주관과 객관을 분리시켜 버렸다. 주관이 객관을 보고, 객관을 모두 기술한다고 본 것인데, 그 결과 주관은 관심에서 멀어지고 말았다. 그 때문에 객관만이 계속 팽창하였고 그것이 현재의 과학으로 이어지고 있는 것이다.

옛날 사람들에게는 또 하나의 사고방식이 있었다. 그것은 외부세계의 질서와 내부세계의 질서, 즉 외부세계의 동일성 및 차이성의 양상과 우리 머릿속의 동일성 및 차이성의 양상이 정확히 포개지는 것임에 틀림없다고 하는 사고방식이다. 괴테는 완전히 이러한 사고방식을 택하고 있었고 이마니시 긴지도 그렇게 생각하고 있었던 듯한 면모를 보인다.

자연을 인식한다고 하는 것은 우리 내부의 동일성을 기본 바탕으로 삼고 외부세계를 거기에 잘 맞추는 것이다. 그와 달리 외부세계의 질서와 내부세계의 질서가 딱 들어맞는 한에 있어서 세계를 질서 있게 인식할 수 있다는 것은 일종의 신학적 구상이다.

에피스테메의 처소

푸코는 우리가 암묵리에 가정하고 있는 인식론상의 입장을 에피스테메라 부르고 그에 따라 시대를 구분해 보였다.

16세기까지의 에피스테메에서는 신이 내부세계와 외부세계를 모두 동시에 잘 만들었다고 하는 사고방식에 입각하여 내부세계의 동일성과 외부세계의 동일성이 한치의 어긋남 없이 딱 들어맞는다고 생각했다.

그 뒤 고전주의 시대의 에피스테메에서는 마침 유행하던 18세기 무렵의 계몽사상의 영향으로 인해 동일성은 내부세계에만 있고 외부세계는 그 코드에 따라 지정되어 있다고 생각했다. 이어지는 19세기 이후의 에피스테메에서는 과학주의를 반영하여 동일성은 외부세계에 있고 내부세계는 그것을 볼 뿐이라고 생각했다.

오늘날 복잡계를 비롯하여 과학의 최첨단을 담당하고 있는 사람들은 대부분 동일성이라는 게 내부세계와 외부세계의 커뮤니케이션의 결과 나오는 것이라는 사고방식을 취하고 있다. 이러한 사고방식은 자기 참여라는 것과 관계가 있다.

내부세계는 외부세계에 의해 만들어지며 외부세계는 내부세계에 의해서만 인식될 수 있다. 요컨대 외부세계와 내부세계는 상호 참조하며 빙글빙글 돌아가고 있는 것이다. 구조주의는 이 마지막 에피스테메에 의거한다고 할 수 있다.

우리는 세계를 자의적으로 인지한다. 이는 우리 머릿속에서 행해질 수 있는 방식 중 일부를 사용하여 인지하는 것인데, 그 방식은 우리가 외부세계를 인식하고 그것과 커뮤니케이션함으로써만 구축된다.

예를 들면 내가 세계를 보지 않으면 나는 개나 고양이 따위의 생물이 있다고는 생각지 못한다. 내 안에 미리 개라는 개념이 선험적으로 정립되어 있는 게 아닌 것이다. 혹은 나와는 관계없이 세계에 미리 개라는 실체 혹은 동일성이 있는 게 아니라, 인간이 개를 봄으로써 비로소 개라는 동일성이 태어나는 것이다.

그렇지만 그것은 세계에 이런저런 현상들이 나와는 관계없이 생기生起하고 있다는 걸 부정하는 것은 아니다. 현상은 나의 생사와 관계없이 존재하지만 그것을 어떠한 동일성으로 분간할까는 그것을 분간하는 주체가 없으면 결정되지 않는다.

요컨대 동일성은 그것을 분간하는 주체가 없는 곳에서는 성립되지 않는다. 만일 그렇다면 인간이 분간하는 동일성과 개가 분간하는 동일성은 다를 것이며, 내가 분간하는 동일성과 당신이 분간하는 동일성은 다를 터인데, 그것을 공통의 언어로 이야기하면서 될 수 있는 한 간단하고 알기 쉽게 하고 싶어 하는 것이 곧 과학이요 언어인 것이다. 그러한 관점에서 생물을 보려고 하는 것이 바로 구조주의적 접근이다.

5장 _ 구조주의진화론

1. 진화법칙

'내부선택설' 의 등장

신다윈주의라는 것은 단순히 말하면 동일성과 차이성을 DNA 안에 전부 집어 넣고 그 안에서만 진화를 보겠다는 사고방식이다.

신다윈주의는 DNA의 염기서열의 진화에 관한 사고방식으로서는 뭐 괜찮을지도 모르지만 DNA는 생물이 아니다. DNA 레벨이란 물질 레벨 혹은 고분자 레벨에 불과하다. 생물 레벨은 물질 레벨과 전혀 다르기 때문에, 생물의 진화와 DNA의 진화가 동치同値인지 아닌지는 전혀 보증할 수 없는 문제다.

신다윈주의에는 생물, 개체, 혹은 종이라는 '시스템' 에 대한 관점이 거의 없다. DNA에 우연히 돌연변이가 생겨나고 자연선택에 의해 그 중 적응적인 DNA는 살아남고, 그렇지 않은 DNA는 도태된다는 사고방식에는 개체가 어떠한 시스템을 갖고 있는가, 종이 어떠한 시스템을 갖고 있는가라는 인식은 전혀 없다.

개체는 어떤 시스템에 구속되어 있으므로, DNA가 변하든 변하지 않든 시스템 속에서 허용되는 삶의 방식말고는 달리 살 수가 없다. 따라서 시스템이 어떠한 것인지를 알면 DNA나 내부의 물질이 어떤 방식으로 변화하더라도 이 생물은 어떠한 생물은 될 수 있지만 어떠어떠한 생물은 될 수 없다는 것을 알 수 있는데, 이러한 관점이 신다윈주의에는 없는 것이다.

신다윈주의는 시스템이라는 관점이 없으니까 세계는 가변적이고 어떤 형태로도 변할 수 있다는 걸 전제로 하고 있다. 따라서 신다윈주의에서는 생물은 어떠한 형태로는 될 수 없는가라는 측면에 대해서는 아무런 설명도 할 수 없다. '어쨌든 변한다'는 것밖에는 모른다.

영국에서도 신다윈주의에는 시스템론에 대한 배려가 결여되어 있다는 점을 지적한 사람이 있다. 랜슬롯 로 화이트L. Whyte라는 사람인데 그는 자연선택설에 반대하여 30년쯤 전에 '내부선택설'을 제창했다.

화이트는 자연선택을 '외부선택'이라고 부른다. 다윈의 자연선택은 생물이 발생한 뒤, 환경에 적응한 것은 살아남고 환경에 적응하지 못한 것은 소멸되어 간다는 이야기다.

하지만 화이트의 '내부선택'에서는 어떤 DNA의 변이는 성장하여 부모가 될 수 있고 자손에게 전달될 수도 있지만, 어떤 DNA의 변이는 발생 도중에 죽어 버린다고 생각한다.

요컨대 DNA에 변화가 일어난다고 할 때, 어떤 DNA의 변이든 허용되는 게 아니라 시스템상 허용돼 발생가능한 DNA의 변이도 있지만 시스템상 허용될 수 없어서 발생하지 못하고 죽어 버리는 변이도 있다.

나아가 DNA 레벨에서 다양한 변이가 일어난다 해도 기능이나 형질을 변화시킬 수 있는 변이는 시스템과 협조하는 극히 일부만이 (부모가 될 수 있는 형태로) 살아남을 수 있고, 그 나머지 대부분의 DNA 변이는 아예 생존을 허용 받지 못하고 만다. 그런 점에서 볼 때 DNA의 변이 자체는 우연일지 모르지만, 그 중에 어떤 DNA의 변이가 살아남느냐는 우연이 아니다. 변이 개체가 부모가 될 수 있느냐 없느냐는 실로 시스템에 구속되어 있기 때문이다.

설령 DNA 자체의 변이가 무작위적이라고 해도 시스템에 허용된 변이만이 선택되는 것이므로, 살아남아 자연선택(외부선택)되는 DNA의 변이는 무작위가 아닌 것이다. 이것이 화이트의 '내부선택설'인데 대단히 중요한 지적이었다.

그렇지만 영국에서는 다윈주의의 본고장답게 화이트의 설이 거의 무시당한다. 오히려 화이트는 일본에서 높이 평가를 받으면서 그의 저서도 몇 권 일본어로 번역되어 있다(예를 들면『종은 어떻게 진화하는가』 *Internal factors in evolution*).

생물은 발생적으로 제약되어 있다

화이트 이후 웹스터G. Webster와 굿윈B. Goodwin이 1982년에 구조주의생물학의 맹아가 되는 논문을 제출했다. 그들은 발생적 제약이야말로 생물에게 중요한 것임을 강력하게 주장하였다. 이 설은 화이트의 내부선택설과 상당히 유사하다.

생물이 발생적으로 제약되어 있다는 것은 어떤 얘길까?

인간을 예로 들면, DNA에 어떤 변이가 일어난다 해도 인간 이외의 생물이 되지는 않는다. 인간 이외의 생물이 될 수 있는 DNA의 변이는 설령 그런 것이 있다고 해도, 발생이 순조롭게 진행될 수 없기 때문에 어느 단계에선가는 죽어 버린다. 어떤 구속성 강한 시스템 안에서는 허용되는 발생경로가 대단히 한정되어 있다. 형은 허용된 발생경로의 범위 안에서만 변화할 수 있을 뿐, 무한히 형이 바뀔 수는 없다.

창고기 같은 생물이 어떤 연유로 인해 척추동물이 되었다고 해보자. 그렇게 한 번 척추동물이 되면 발생경로에 제약을 받아 척추동물 이외의 생물로는 될 수 없다.

계통발생학에 따르면 척추동물 계통은 어류에서 양서류가 나오고 양서류에서 파충류가 나왔으며 파충류 일부는 포유류로, 일부는 조류로 되었다고 하는데, 모든 척추동물은 척추동물의 시스템에 구속되어 있어서 척추동물 이외의 생물로는 거의 될 수 없다고 한다.

조금이라도 환경에 적응한 놈은 살아남을 확률이 높고, 환경에 적합하지 않은 놈은 죽을 확률이 높은 것은 틀림없는 사실이다. 살아 있는 생물에게 자연선택이 작용한다고 생각하는 것 자체는 정당하다.

그러나 모든 생물은 계통의 기초가 되는 발생적 제약을 가지고 있으므로, 자연선택의 결과 적응적인 변이가 살아남는 일은 있을 수 있어도 이 제약을 벗어나 형태가 무제한으로 계속 변화해 가는 일은 있을 수 없다.

괴테의 '원식물' 과 '원동물'

화이트, 웹스터, 굿윈 이전에도 그들과 유사한 생각을 한 사람들이 있는데, 그런 점에서 우리가 가장 높이 평가하는 사람이 바로 괴테다.

'형태학'은 독일어로 'Morphologie'라고 하는데 이것은 괴테가 만든 말이다. 일반적으로 괴테는 자연과학자라기보다는 문학가, 시인으로 여겨지지만, 사실 괴테는 형태학자기도 했던 것이다.

나는 「구조주의생물학과 괴테의 형태학」이라는 논문을 쓴 적이 있다. 괴테는 식물에 대해 대단히 상세히 조사하였는데, 그 결과, 어떤 '원형'typical pattern을 연속적으로 변화시킴으로써, 즉 위상을 동형으로 유지한 채 변화를 가함으로써(이를 괴테의 용어로는 '변신'Metamorphose이라고 한다) 모든 식물을 도출해 낼 수 있다고 생각했다. 바꿔 말하자면 모든 식물은 '원형'이라는 시스템을 벗어날 수 없다고 생각한 것이다.

생물이라는 것은 원래의 형태로부터 무한히 변형될 수 있는 게 아니라, 어떤 구속성이 있어서 그 안에서만 변형transformation될 수 있다는 생각은 구조주의생물학적인 혹은 시스템론적인 사고방식이다.

물론 괴테 시절에는 그것을 정식화할 수 있는 물질적 기초도 없었고 해서 그 이상은 알지 못했다. 그러니까 그것은 괴테의 사변에 불과할 수도 있는 것이다. 하지만 괴테의 형태학은 현대의 형태학자들에게도 공감될 수 있는 이론으로 구마모토대학의 구라타니 시게루倉谷滋 등, 괴테를 높이 평가하는 형태학자들도 있다.

괴테가 파리 아카데미 논쟁에서 퀴비에에 반대하여 생틸레르를 두둔했다는 것은 앞서 말한 바 있다. 퀴비에는 괴테보다 생물에 대해 밝았으며, 시스템론적 사고방식이 없었던 사람도 아니다. 다만 일원론에 반대했던 것이다.

괴테는 굳이 따지자면 일원론자여서 모든 식물과 모든 동물을 하나의 원형으로 담아내고픈 꿈을 갖고 있었다. 이것을 '원식물'과 '원동물'이라고 하는데, 괴테는 원식물을 그림으로 그리려고 했던 듯하다. 그러나 결국 그려 내지는 못했다.

이것은 우리 구조주의적 입장에서 볼 때 당연한 일인데, 원형이라는 것은 구체적인 형태가 아니라 관계법칙 그 자체이기 때문에 이론구조로서는 이야기할 수 있어도 구체적으로 그릴 수는 없다.

부가되는 구조

퀴비에는 동물을 척추동물, 연체동물, 절지동물, 극피동물 이렇게 네 가지 유형으로 분류하였고, 각각의 유형 안에서는 변형이 가능하다고 생각했다. 예를 들면 척추동물의 위상을 동형으로 유지한 채 변화시키면 다른 척추동물이 된다. 인간의 손을 변형시키면 고래의 지느러미가 될 수 있다.

그렇지만 척추동물을 아무리 변형시켜도 극피동물이 되지는 않는다. 극피동물을 변형시키면 다른 극피동물이 된다. 성게의 형形은 불가사리의 형이 될 수 있고 불가사리는 성게가 될 수 있다. 성게와 불가사리는 상호 위상동형이라고 생각할 수 있다. 이는 현대적으로 말하면 토폴로지topology, 즉 위상기하학적인 이야기가 된다.

퀴비에는 네 가지 위상동형을 동물 안에 상정해 놓았는데, 그것은 괴테식으로 말하자면 '원형'이 네 가지 있는 셈이다.

척추동물은 아무리 변형시켜도 척추동물밖에 되지 않는다. 극피동물은 아무리 변형시켜도 극피동물 이외로는 되지 않는다. 절지동물은 아무리 변형시켜도 절지동물밖에 되지 않는다. 이게 바로 퀴비에가 말한 것이다. 그렇다면 하나의 조상으로부터 극피동물, 절지동물, 척추동물, 연체동물이 생겨나는 일은 있을 수 없는 셈이다.

그래서 구조주의생물학에서는 어떤 생물로부터 다른 계통이 발생할 때, 물리화학법칙 자체에 모순되지 않지만 그곳으로부터는 도출될 수 없는 어떤 구조가 부가되면 된다고 생각하는 것이다.

예컨대 어떤 계통에 극피동물이 되는 구조('룰'이라고 해도 좋을 것이다)가 부가되면, 그 이후 과정에서는 극피동물밖에 생겨날 수 없고 어떤 계통에 척추동물이 될 구조가 부가되면 그 이후 과정에서는 척추동물밖에 생겨날 수 없다는 것이다.

이것은 언어와 마찬가지인데, 어딘가에 기원이 있고 이런저런 형태로 룰이 생겨나면 그 이후 과정은 그에 따라 줄곧 구속된다고 하는 측면이 그러하다. 언어는 생물이 태어났을 때부터 존재하는 게 아니다. 인간이 된 이후 이런저런 이유로 언어가 갑자기 생겨나고 그후 오래도록 그 언어를 사용하는 사회를 계속해서 구속한다.

일본어를 사용하는 사회에서 일본어는 서서히 변하기는 하지만 아무리 시간이 흘러도 기본적으로는 일본어 사회가 이어지지 그 이외의 언어를 쓰는 사회가 되지는 않을 것이다. 미국이나 영국에서는 아무리 시간이 흘러도 영어를 계속 사용할 것이다.

이마니시 긴지의 진화론과 구조주의진화론

일본에서도, 나의 해석에 따르면, 적어도 초기의 이마니시 긴지는 꽤나 시스템론적인 사고를 하고 있었다. 이마니시 긴지는 1941년에 『생물의 세계』生物の世界라는 책을 썼다.

이 책의 내용은 대체로 사변의 산물인 듯한데, 그는 거기서 "개체가 곧 종이다", "종이 즉 개체다"라는 식의 얘기를 한다. 다윈주의처럼 종에 대해 유명론적으로 사고하는 관점에서는 종이라는 것은 개체의 집합이므로 "종이 곧 개체고 개체가 곧 종"일 수는 없다. 그러므로 이마니시 긴지의 이러한 사고는 다른 생물학자들에게 받아들여지지 않았다.

그러나 시스템이라는 관점에서 보면 수정란이 인간이라는 개체가 될 수 있는 것은, 수정란 안에 인간이라는 시스템이 전부 들어 있다는 바로 그 이유 때문이다. 그러니까 '종'을 시스템이라고 본다면 종은 곧 개체 안에 봉함封織되어 있는 것이므로 개체가 곧 종이라는 사고방식을 잘 이해할 수 있다.

　이마니시 긴지의 초기 사상은 종의 실념론을 옹호하는 것임에 틀림없지만, 종을 실체로서 파악한 게 아니라 발생을 포함한 시스템으로서 포착하고 있다고 본다면 괴테와도 근본적으로 상통하는 바가 있다.

　나는 1989년에 낸 『구조주의와 진화론』이라는 책에서 이마니시 긴지에게는 구조주의생물학의 최초의 맹아 같은 것이 보인다고 주장했다. 당시 이마니시 본인은 병상에 누워 있었고 결국 구조주의생물학에 대한 의견을 들을 수는 없었지만 말이다.

2. 구조의 성질

정립된 룰이 다음 현상을 구속한다

그러면 구조, 즉 시스템이란 어떠한 성질을 갖는 것일까?

　세계는 연속적이고 유전流轉하는 것이다. 우리는 세계를 볼 때, 이러저러한 형식하에서 동일성을 분절하고 어떤 동일성과 다른 동일성을 대응시켜 의미를 갖게 만들지 않으면 세계를 이해할 수 없다.

　그 역할을 하는 것이 바로 언어인데, 언어에는 대응자의성과 분절자의성이 있다는 점에 관해서는 앞 장에서 이미 말한 바 있다. 구조에도 분절자의성과 대응자의성이 있고, 룰의 정립은 자의적이지만 일단 정립된 룰은 다음 현상을 구속한다. 룰이 정립될 때의 자의성과 룰 그 자체의 구속성은 모순되는 것이 아니라 연결되어 있는 것이라고 나는 생각한다. 이것이 바로 구조주의의 테제의 하나다.

　물질적으로 좀더 단순한 이야기를 하자면 원자를 예로 들어 볼 수 있다.

원자는 양성자, 중성자, 전자로 이루어져 있다. 그리고 양성자와 중성자도 여러 가지 룰에 의해 구성되어 있다. 우주는 소립자론에서 말하는 룰에 의해 지배되고 있는데, 물질 세계에서는 그 룰이 마치 필연인 듯이 보이지만 우주의 시원으로 거슬러 올라가 생각해 보면, 그러한 기저의 룰도 어딘가에서 자의적으로 생겨난 룰일 수밖에 없다. 생물의 세계에서도 마찬가지 얘기를 할 수 있다.

자의적으로 생긴 룰에 의해 몇 가지 쿼크가 모여 중성자와 양성자가 생기고, 양성자와 중성자와 전자가 어떤 대응자의성의 결과 모여들어서 어떠한 하나의 덩어리, 예컨대 수소라는 원자가 생긴다.

요컨대 수소라는 것은 세계를 자의적으로 분절한 하나의 미립자particle이다. 그런 식으로 세계를 자의적으로 분절하여 어떤 덩어리가 생기면 그것은 이런저런 요소들의 작용을 반드시 하게 된다. 그 요소들이 모여서 고차원적인 대응자의성과 분절자의성이 얽히게 되고 그리하여 예컨대 물 같은 물질이 생기는 것이다.

물은 수소와 산소가 들러붙은 것인데 그 들러붙는 방식에는 H_2O만 있는 것이 아니다. 그런데 다른 것 중에 H_2O_2 같은 것은 있지만 H_4O는 없는 것처럼, 들러붙는 방식은 화학의 룰에 따라서 결정된다. 구조의 룰을 위반하는 존재는 허용되지 않지만 그것을 위반하지 않는 존재는 허용된다.

또한 안정되어 있는 존재는 한동안 존속하지만 안정되어 있지 않은 존재는 곧 다른 것으로 변해 버린다. 예컨대 H_2O_2는 그다지 안정적이지 못해서 어떤 계기만 있으면 O를 방출하고 H_2O로 변화하는데, H_2O는 상온과 상압常壓에서 안정된 존재다.

구조의 배치로서의 생물의 형태

구조라는 것은 분절자의성과 대응자의성을 갖는 룰인데, 그 룰에 따라 여러 가지 다양한 구속이 작동하여 어떤 안정된 배치를 취한다. 이 배치를 우리는 '구조의 배치' configuration라고 부른다.

우리의 관점에서 보면 물질이라는 것은 기저 구조가 어느 정도 안정되어 있는 배치(요소)라고 할 수 있다.

예를 들면 양성자는 대단히 안정된 배치로 쉽사리 파괴되지 않는다. 매우 안정돼 있고 수명도 꽤 긴 것으로 보인다. 그렇지만 현재의 물리학에 의하면 양성자는 붕괴한다고들 하니까 이 관점에서 보면 양성자 또한 '최종 실체'가 아니라 어떠한 구조의 배치에 불과하다고 생각된다.

구조가 어느 정도 안정된 배치는 한동안 그 형태를 유지한다. 이런 일은 분자 레벨에서도 일어난다. 그런 분자들이 또한 다른 룰에 의해 연결되어 고분자를 이룬다. 나아가 이 고분자가 또 다른 고분자와 어떤 관계성을 가지면 좀더 상위 레벨의 배치 혹은 형태를 만든다.

그런 식으로 생물은 계층화되면서 생겨난다. 고분자 자체는 사실 무생물이지만, 고분자들이 어떤 특수한 대응자의성을 가지며 어떤 관계성을 취하게 된 것이 생물이라고 생각되는 것이다. 구조주의생물학에서는 이렇듯 고분자의 어떤 특수하고도 자의적인 관계성이 구현되어 있는 공간을 생물이라고 본다.

죽는다는 것은 그 공간의 룰이 파탄나는 경우를 말한다. 그 공간의 룰이 파탄나 버리면 기저의 룰밖에 안 남게 되므로, 물리화학법칙만이 지배하는 공간으로 돌아간다. 죽은 생물이 되살아나지 않는 것은 새로운 룰을 만든다는 것이 매우 힘든 일이기 때문이다.

생물의 탄생

오래전에 우연히 만들어진 룰에 구속당하고 그 위에 그와 모순되지 않을 룰이 부가된다. 그렇게 해서 룰이 서서히 늘어나면 생물은 고등해져 가지만, 죽을 때는 그 룰이 단번에 무너져서 무생물이 되고 만다.

무생물이 된 것은 도로 생물이 될 수 없다. 여기에는 여러 가지 다양한 이유가 있을 테지만, 우선은 구조의 정립이라는 것은 우연히만 될 수 있는 데다가 그 우연도 대단히 드문 우연이기 때문이다.

예를 들어 여기저기에 다양한 고분자들이 있고 그것이 때마침 커뮤니케이션을 하기 시작해서 매끄럽게 기능했다. 이것은 생물의 역사 속에서도 거의 드문 우연이었다.

일단 발생한 룰은 주변의 존재들을 그 룰로 끌어들이게 되고 그리하여 그 룰이 정립되는 공간이 생긴다. 뒤죽박죽 부정형不定形이어서 전혀 윤곽이 안 생기면 대체 어디까지 룰 쪽으로 끌어들여야 좋을지 알 수가 없지만, 막이 생기고 윤곽이 생기면 그렇게 가두어진 공간 속에서 룰은 정립된다.

막이 생겼다는 것은 그런 의미에서 생물의 역사상, 대단히 중요한 하나의 사건이다. 막 안에서 정립되는 룰은 그 안에 존재하는 고분자에게는 일종의 문화와 전통, 혹은 언어 같은 것으로서 새로이 들어온 고분자도 일정한 시간이 지나면 그 문화와 전통에 따르게 된다.

세포의 문화와 전통

그렇게 해서 생긴 생물은 공간을 확장하든가 아니면 공간을 분리해서 문화와 전통을 확장해 간다.

이것이 바로 생물의 생식 혹은 증식의 의미다. 공간은 분리되어 새로운 생물이 되지만, 분리된 공간 속에는 이미 룰이 정립되어 있다. 요컨대 문화와 전통이 이어져 가는 것이다. 문화도 전통도 없는 공간, 즉 구조의 룰이 전혀 없는 공간에는 고분자를 넣어도 생물은 생기지 않는다.

예컨대 인간의 DNA와 인간의 재료가 될 고분자들을 시험관에 넣고 그 시험관을 아무리 흔들어도 거기에는 구조의 룰이 없으므로, 인간이 생기지 않는 것은 당연지사다. 오늘날 유전공학이 진보하여 여러 가지 실험들을 하고 있지만, 최종적으로는 DNA를 살아 있는 세포 안에 넣을 수밖에 없는 것도 바로 그런 이유 때문이다.

유전이라는 것은 세포 안에 구현되어 있는 고분자와 고분자의 관계성의 룰이 전해진다고 하는 것으로, 이것은 일종의 문화와 전통 같은 것이라고 할 수 있다. 물론 DNA도 유전되지만 중요한 것은 실체의 유전이 아니라 관계성의 유전이다.

인간의 언어가 사회 안에서 문화와 전통으로서 전해져 가는 것과 마찬가지로 세포 안에 구현되어 있는 고분자의 관계성도 일종의 문화와 전통으로서 세대를 이어 가며 전해져 간다고 할 수 있다.

구조주의생물학의 최종 목적은 그러한 문화와 전통은 어떠한 것이며 어떻게 기술하면 생물의 발생이나 진화 등을 잘 파악할 수 있을까라는 지점에 있다.

구조열

구조는 분절자의성과 대응자의성을 가지며 그 결과 어떤 구조의 배치가 발생한다. 그리고 그것이 다음 구조의 요소가 된다.

그러니까 구조는 계층화되어 있는 것으로서, 그러한 측면에 주목하면 구조는 열을 이루고 있다고 생각된다. 나는 그것을 '구조열'構造列이라 부른다.

이를테면 물리화학적 구조처럼, 지구상이라면 어디에든 존재하는 편재적 구조가 있다고 하자. 이것이 기저에 깔려 있는 구조인데 거기에 다른 구조들이 부가되면 고차원적인 구조가 생긴다.

그런 식으로 다양한 룰들이 부가된 것이 바로 생물이다. 나아가 인간 개체는 인간이라는 생물

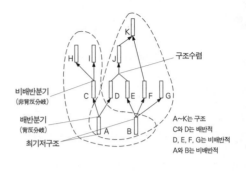

구조열의 모델
점선으로 둘러쳐진 부분은 가장 복잡한 구조열을 보여 준다.(『구조주의생물학이란 무엇인가』에서)

이 갖고 있는 구조로부터 생겨난 하나의 배치임을 생각할 때, 인간 사회라는 것은 이 배치들이 서로 더더욱 얽혀들어 가서 보다 고차적인 관계성을 취한 것이라 생각된다. 구조라는 것은 그렇게 열을 이루고 있다.

가장 기층에 있는 구조의 배치 중 일부를 사용하여 새로운 구조가 만들어지고, 나아가 그로부터 또 새로운 구조가 생긴다. 그렇게 해서 상위 구조가 생겨나는데, 그때 새로이 생겨난 룰이 원래의 룰과 모순되지 않으면(기존의 룰을 위반하지 않으면) 그 룰은 지금까지의 룰과 하나의 공간 안에서 공존할 수 있지만, 새로이 생겨난 룰이 기존의 룰을 위반하는 성격을 가진다면 하나의 공간 속에서 상호 공존할 수 없게 된다.

수컷과 암컷은 왜 존재하는가?

유성생식은 룰들이 상호 공존할 수 있는 전형적인 예다.

유성생식이란 가장 기본적인 수준에서 보자면 두 개의 세포가 하나로 합체되는 것이다. 두 세포의 구조가 상호 배반하는 것이라면 생식은

불가능하다. 그러니까 유성생식을 하는 생물은 정자 안의 시스템과 난자 안의 시스템이 같게 되어 있다.

난자와 정자라는 형이 아니라, 발생 초기의 배의 세포 그 자체를 융합해 보면 어떻게 될까?

이 경우 쌍방의 세포 시스템이 상호 공존 가능하다면, 세포융합을 해서 키메라[chimera ; 한 개체 안에서 상이한 동종 조직이 함께 존재하는 현상]가 생긴다. 예를 들어 염소와 양의 키메라는 가능하다는 것이다.

인간과 침팬지의 키메라도 어쩌면 가능할지 모른다.

유성생식에서는 모친과 부친으로부터 염색체가 전해진다. 그렇게 하면 상동염색체가 감수분열 때에 딱 겹치게 된다. 이것을 대합對合, involution이라고 한다. 이때 염색체 일부는 재조합이 일어나 유전자를 수복修復한다고 한다.

미코드R. Michod는 이 수복 메커니즘이 대단히 중요하며 성은 유전자의 수복을 위해 존재한다고 주장한다. 나는 미코드의 『왜 수컷과 암컷이 존재하는가』*Eros and Evolution*라는 책을 번역출판했는데, 미코드의 이러한 논의에 반쯤은 수긍을 한다.

같은 종이라고 하면 상동염색체의 형이 같으니까 대합이 가능하다. 그렇지만 다른 종이라면 상동염색체의 형이 다르기 때문에 대합이 불가능하다. 대합은 감수분열 시에 일어나므로 대합이 불가능하면 감수분열이 일어나지 않는다. 그렇다면 난자나 정자가 생겨날 수 없다. 따라서 유성생식이라는 시스템은 파탄난다. 이종 간 잡종 제1세대는 가능해도 보통 잡종 2세대가 불가능한 이유도 거기에 있다.

생식적으로 격리되어 있다는 것은 감수분열 시스템, 혹은 행동적으로 자신과 같은 생물이라고 인지하는가 안 하는가에 따라서 결정되는 것이지, 세포 안에 있는 고분자의 관계성 같은 기본적인 지점에서 결정되는 것이 아니다. 요컨대 종과 세포 시스템의 동일성은 별개의 문제인 것이다.

분류군의 기원

그렇다면 어떤 생물은 세포 내 시스템이 같고 어떤 생물은 다른가가 문제가 된다.

극단적으로 말하자면 인간과 장수풍뎅이의 알은 융합을 시켜도 잘 안 될 것이다. 이것은 DNA가 다르기 때문이라기보다는 세포 내 시스템이 근본적으로 다르기 때문이다. 아마도 이 두 가지 시스템은 상호 배반적인 시스템일 것이다.

생물이 진화하는 와중에 다양한 곳에서 새로운 시스템(구조)이 생겨났을 것이다. 그 구조(시스템)를 공유하는 생물군은 하나의 거대한 그룹으로서 정리된다. 그것이 바로 '문'門, phylum과 같은 거대 분류군의 생물학적 근거가 된 것으로 보인다.

다윈의 노선을 계승한 분류학자들은 생물의 분기 순서를 나타내는 계통수系統樹를 중시하고, 분기된 순서에 따라서 분류를 하는 것이 가장 과학적인 분류라고 주장한다.

즉 다윈적인 사고방식에 따르면 생물들이 막 분기되었을 시점에는 거의 같지만, 돌연변이와 자연선택에 의해 서서히 변화하여 전혀 다른 생물군들이 생겨난 셈이다. 형태의 대변화는 사후적으로 결정된다.

그러나 구조주의생물학에서는 시스템(구조)이 같은 한, 설령 종 분기가 매우 오래전에 일어났다고 해도 아주 미미한 차이밖에 없다고 본다. 새로운 시스템(구조)은 단숨에 정립되는 것이며, 그런 새로운 시스

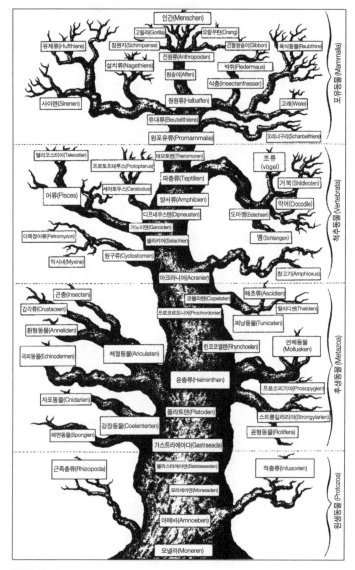

헤켈의 계통수

모넬라(가장 원시적인 원생동물로서 헤켈의 가상물)부터 인간까지의 연속성을 보여 주는 유명한 계통수템(구조)의 정립만이 진정한 고차분류군의 기원이 되는 것이다.

역사적으로 볼 때 가장 중요한 고차분류군이 기원한 것은 캄브리아기 직전으로 이것이 바로 진핵생물의 기원이다. 고세균이라는 원原진핵생물 같은 것에 미토콘드리아나 엽록체 등의 선조로 간주되는 몇 가지 원핵생물들이 공생 혹은 기생함으로써 진핵생물이 생겼다고 생각된다.

고세균이 이것들을 먹으려고 했지만, 미처 다 소화하지 못했을 수도 있다. 쌍방의 시스템은 다르기 때문에 많은 경우에는 죽어 버렸을 것이다. 하지만 개중에는 죽지 않고 두 시스템을 조화시켜 살아남은 생물도 있었다. 진핵생물은 바로 이런 식으로 출현했을 것이다.

캄브리아기의 진화 대폭발

크레올 언어처럼 전혀 다른 두 언어가 상호 조화하여 다른 새로운 룰을 가진 언어가 생겨나듯이, 원핵생물 몇 가지가 합체되어 공생하며 새로운 시스템이 생겼다. 그때 진핵생물이라는 새로운 고차적 분류군이 단숨에 정립되었다.

그럼으로써 생물은 다세포가 될 능력을 획득했을 것이다. 다세포가 된다는 것은 세포가 다른 세포와 커뮤니케이션할 능력을 획득했음을 의미한다. 생물은 다세포 개체를 만들어 낼 능력을 획득한 것이다. 이는 지금으로부터 7억 년쯤 전의 일이다.

새로운 구조 즉 새로운 시스템은 그 구조가 허용하는 범위 내에서 다양한 가능성을 시도할 수 있다. 그래서 발생한 것이 캄브리아기의 진화 대폭발이라고 하는 것으로, 캐나다 로키 산맥의 버제스 셰일shale에서 출토되는 화석군이 특히 유명하다. 현재와는 전혀 다른 기묘한 생물들의 화석이 다수 나오고 있다.

버제스 셰일의 화석

캄브리아기에 살았던 절지동물의 일종인 할루시제니아(Hallucigenia)의 화석이다. 일곱 쌍의 가시와 일곱 쌍의 촉수를 가진 독특한 모습을 하고 있다.

『생명, 그 경이로움에 대하여』*Wonderful life*의 저자 스티븐 J. 굴드는 캄브리아기에 오늘날과 다른 기묘한 생물들이 다수 출현한 것은 지금과 전혀 다른 진화의 룰 같은 것이 있었기 때문이라고 주장했다.

나아가 캄브리아기 쪽이 지금보다 다양성(이질성)이 컸다는 주장도 했다. 캄브리아기에 폭발적으로 생겨난 생물의 고차분류군 중 겨우 1할 만이 살아남고, 나머지 9할은 절멸되어 버렸기 때문이다.

그에 반해 버제스 셰일의 화석을 실제로 연구한 『캄브리아기의 괴물들―진화는 왜 대폭발했는가』*Journy to the Cambrian*의 저자 S. 콘웨이 모리스S. Morris는 지금이나 옛날이나 본질적인 의미에서 보면 생물의 다양성은 다를 게 없다고 주장한다.

사견이지만 처음에 100이 생겨나 그 중 10만 남고 나머지 90이 절멸했을 경우 처음에 존재하던 100의 다양성과, 10이 점점 분기하여 새로이 100이 생겨난 경우의 100의 다양성은 레벨이 다르다. 계통적으로는 1할밖에 안 남았어도 바로 그 1할로부터 고차적인 구조를 가진 생물군이 출현한 것이다. 저차적인 구조 레벨에서의 다양성과 구조의 레벨이 다르다는 의미에서의 다양성은 성격이 다르기 때문에 일률적으로 논할 수 있는 문제가 아니다.

구조주의생물학에서는 생물이 진화하는 것을 새로운 시스템이 부가되어 복잡해져 가는 것이라고 본다. 캄브리아기에는 박테리아라든가 이상하고 단순한 다세포생물들은 많이 존재했지만, 인간 같은 것은 존재하지 않았다. 지금은 인간도 존재하고 박테리아나 단순한 다세포생물(캄브리아기에 비하면 적지만)들도 존재한다.

이 두 가지 다양성(이질성) 중 어느 쪽의 다양성이 더 큰가를 비교하는 것은 레벨이 다른 문제를 싸잡아 논하는 것으로, 구조주의생물학에서 생각하듯이 구조가 계층화되어 있다는 관점에서 보자면 넌센스한 측면이 있다.

생물을 어떻게 분류해야 할까?

단 마리나田まりな는 저서 『생물의 복잡성을 읽는다』生物の複雜さを讀む에서 생물의 진화는 형태의 계층화라고 주장한다.

진핵생물은 처음에는 매우 단순한 반수체haploid 세포 레벨에서 그후 이배체diploid 세포 레벨이 되고 나아가 다세포생물 레벨이 되는 식으로, 체제를 중층화시키면서 고차화되어 간다고 쓰고 있다. 구조주의생물학적인 입장에서 보자면 이것은 아주 잘 이해할 수 있는 이야기로서 이런 입장에서 볼 때 생물은 시스템을 부가해 가는 존재다.

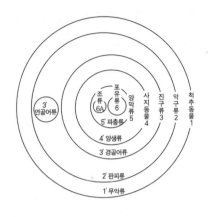

어류, 양서류, 파충류, 포유류의 동심원도
대분류군은 분기도가 아니라 포함도로 분류표시를
해야 한다.(『분류라는 사상』에서)

척추동물의 분류를 살펴 보자. 척추동물은 가장 간단한 어류로부터 양서류, 파충류, 조류, 포유류 순으로 나열할 수 있다. 어류에는 무악강, 판피강板皮綱, Placodermi, 연골어강, 경골어강 등 이렇게 네 가지 강이 있고, 그 위에 양서강, 파충강, 조강鳥綱, 포유류강이 있다.

'강' 綱, class은 '문' 보다 하위의 대분류군으로 그것이 전부 모여 척추동물문이 된다. 현재의 분류학에서는 이들이 등가군으로 상정되지만 실은 등가군이 아니다.

척추동물 중에서는 원시적인 시스템인 어류 위에 새로운 시스템을 개발한 것이 양서류로서, 양서류는 어류의 시스템을 전부 가진 데다가 모종의 시스템을 더 한층 부가한 생물이다. 나아가 그 위에 새로운 시스템을 부가한 것이 파충류가 된다.

따라서 파충류는 고등한 양서류기도 하고 고등한 어류기도 한 것이지 어류와 등가군이 아니다. 조류는 진화적으로 조금 특수하기 때문에 조류와 파충류가 정말로 포함관계에 있는지는 조금 의문이지만, 어쨌든 포유류는 파충류 위에 위치한다.

그렇게 생각해 보면 어류가 가장 바깥쪽에 있고 양서류, 파충류, 포유류 순으로 중심을 향하여 동심원을 그리는 것이 합리적인 분류표시가 된다.

나는 『분류라는 사상』分類という思想에서 이렇게 구조주의생물학적으로 분류를 해야 한다고 주장했는데, 시스템을 개발하는 것이 진화상의 가장 중요한 사건이라고 생각한다면 포유류는 어류보다 고등하다는 사실은 일목요연하며, 따라서 어류와 포유류가 등가라는 생각은 착오다.

일부 분류학자들은 고등하냐 하등하냐의 문제 자체가 인간이 가장 고등하다는 전제하에서 운위되는 인간의 오만에 불과하다고 하는데, 구조주의생물학적으로 말하면 단순히 새로운 시스템이 개발되어 부가된 것은 고등하고, 그것이 부가되어 있지 않은 것은 하등하다고 확실히 말할 수 있다.

예컨대 자동차에는 대단히 원시적인 자동차가 있고 그 원리를 바탕으로 더욱 새로운 기능을 부가한 고등한 자동차가 있다. 최초의 피스톤엔진 자동차가 어류라고 한다면 고속으로 주행하는 최근의 스포츠카는 포유류라고 할 수 있다. 그러나 로터리엔진처럼 전혀 다른 시스템을 개발하면 다른 분류군의 자동차가 된다고 생각할 수 있다.

새로운 시스템을 만드는 법

생물은 어떤 시스템을 갖고 있는가, 두 생물의 시스템은 포함관계에 있는가 배반관계에 있는가 아니면 독립적인가 등을 생각하지 않고서는 생물을 잘 분류해 낼 수 없다.

그렇게 생각해 보면 생물의 진화에서 가장 중요한 것은 구조 혹은 시스템을 새롭게 만들거나 부가하는 것인데, 우리의 관점에서 볼 때 그것은 자의적으로 일어날 수밖에 없다고 판단된다. 이유가 없는 것이다.

우리 생물들은 기저의 물리화학법칙에 구속되어 있다. 그렇지만 그 물리화학법칙을 어떻게 사용하여 어떠한 구조를 만드는가는 미리 결정

반수체 체제	이배체 체제	상피체제	간충직체제 (間充織体制)	상피체강체제			계통발생
				작은상피성체강	3쌍의 상피성체강	척색+신경	개체발생
							뇌·중추 신경계
							상피체강체제
							간충직체제
							배엽분화
							상피체제
							이배체체제
							반수체체제
원생	원생	강장	편형	환형	극피	척색	

개체발생과 계통발생의 체제상 상관관계

이 그림은 생물이 새로운 시스템(구조)을 부가함으로써 진화했음을 멋지게 보여 준다.(『생물의 복잡성을 읽는다』에서)

되어 있지 않고 자의적으로 결정된다.

구조라는 것은 어떤 의미에서 보자면 가능성의 한정이다. 물리화학법칙에서 가능한 방식의 일부를 금지하기 때문에 사용치 못하게 된다. 그리하여 물리화학법칙보다 고차원적인 룰이 생겨 난다. 한마디로 구조의 자의성이 무엇을 금지하는가가 근거 없이 결정되는 것이다.

자의적으로 결정된 룰은 다음 공간을 구속하기 때문에 그것이 일단 생겨나면, 그 계열에 존재하는 것은 그 구속으로부터 달아나기가 여간 어려운 게 아니다. 달아나기 위해서는 근본적인 개혁을 해야만 한다.

그런데 시스템의 일부를 근본적으로 개혁하면 원래의 시스템과 조화를 이루지 못하고, 시스템 전체가 붕괴하면서 죽어 버리는 경우가 대부분이다. 그러니까 일반적으로는 원래의 시스템에 약간의 룰을 부가하는 형태로 시스템의 진화가 발생한다. 그렇지 않으면 죽어 버리기 때문이다. 개중에는 근본적으로 기묘한 시스템을 개발하여 살아남는 생물도 있을 수 있지만, 그것은 계통적으로 전혀 별개의 생물로 보일 터이다.

헤켈이 '개체발생은 계통발생을 반복한다'고 했고 단 마리나도 그 점을 충분히 지적하고 있지만, 사실 논리적으로 생각해 보면 그건 좀 이상한 얘기다. 계통발생이란 한 계열의 진화사를 말한다.

알이 부모가 되고 그 부모가 또 알을 만들어 세대를 계속 이어 간다. 그런 식으로 전혀 다른 새로운 종이 생겨나고 생물이 진화해 가는 것을 계통발생이라고 하는데, 만일 개체발생이 계통발생을 완벽히 반복한다면 어떤 생물에서 어떤 생물까지 백만 세대가 경과할 경우 백만 번의 개체발생이 반복되어야만 한다.

그렇지만 개체발생은 한 번뿐이다. '개체발생은 계통발생을 반복한다'라는 것은 예컨대 인간의 태아가 물고기의 성체와 비슷하다는 논리다. 개체발생이 진화계열의 성체들을 연속적으로 밟으며 진화하는 (것으로 보이는) 것이다.

발생은 시스템에 구속되어 있으므로 초기 단계에 방식을 변경하면 죽을 확률이 대단히 높다.

극단적으로 이야기하면 발생이 매끄럽게 이루어지는 시스템(구조)이 있음에도 불구하고, 그것을 기각하고 다른 새로운 구조로 교체한다는 건 어려운 일이다. 살아남지 못할 확률이 높다. 살아남을 확률이 가장 높은 것은 지금까지의 시스템을 그대로 온존시킨 채, 약간만 새로운 시스템을 더하는 방법이다. 이것이 가장 단순하고 가장 효과적이다.

계통과 분류는 관계가 없다

개체발생에서 알은 물고기가 된다. 이 시스템을 온존시킨 채 발생의 말단에 새로운 시스템을 부가하여 파충류가 된다. 이렇게 보면 개체발생이 계통발생을 반복하는 것처럼 보인다. 그러나 그것은 시스템이 가장 안정적으로 발전하는 데 가장 용이한 방식을 '개체발생은 계통발생을 반복한다'라는 말로 표현한 것에 불과할 뿐이지, '개체발생은 계통발생을 반복한다'라는 언명 자체가 법칙은 아니다.

역사는 우연(여기서 우연이란 시스템의 변화가 근거 없이 일어난다는 것을 의미한다)이기 때문에 개체발생을 반복하는 것으로 보이는 경우도 있고, 그렇지 않은 경우도 있다. 도중에 혁명이 일어나면 완전히 뒤집어져 버린다. 그러나 그러한 일은 참으로 드물어서 거의 대부분의 경우 혁명은 일어나지 않고 다만 말단에 새로운 시스템을 부가함으로써 일이 진행될 뿐이다.

그런 계열을 우리가 보면 마치 개체발생이 계통발생을 반복하는 것처럼 보인다. 그렇지만 그 중에는 도중에 변화해 버린 생물도 드물게나마 있을 터이고, 그러한 생물은 전혀 별개의 계통의 생물이라고 간주될 것임에 틀림없다.

예를 들자면 이런 얘기다. 지금으로부터 수억 년 전, 어떤 계통 A로부터 단숨에 전혀 새로운 생물이 출현했다고 해보자. 이랬을 경우 그 생물을 계통 A로부터 출현한 생물이라고는 보지 못하고, 다른 계통의 생물이라고 생각할 수밖에 없다.

그러니까 계통이 가깝다는 것과 분류적으로 볼 때 유사하다는 것은 서로 독립적인 이야기이다. 프롤로그에서 말했던 딱정벌레의 계통수가 그런 것처럼 사실 계통과 분류는 관계가 없다.

아무리 시간이 흐르더라도 시스템이 변하지 않으면 여전히 같은 생물이다.

예컨대 3억 년 전의 상어를 복원한 복원도를 보면 지금의 상어와 거의 다를 게 없지만, 2억 년 조금 전에 파충류에서 포유류가 된 원原포유류를 보면 포유류와는 거의 닮은 데가 없다.

그 이유는 시스템이 새롭게 부가되면서 점점 변해 왔기 때문이다. 분기한 연대나 분기를 한 순서는 분류군을 구축하는 참된 기준이 되지 못하는 것이다. 그런 의미에서 지금의 계통분류학은 약간 넌센스한 면이 있기에 나는 시스템의 공유성이나 시스템의 유사성으로 분류를 해야 한다고 생각한다.

3. 정보와 해석계

표현형모사와 칼 유전자

시스템은 무엇이 정보고 무엇이 해석계인지 딱 잘라 구분짓기 곤란한, 돌고 도는 일련의 프로세스다.

물론 시스템이 외부로부터 어떤 경향성을 부여 받아 그에 반응하는 측면은 당연히 있다. 그때 외부로부터 가해진 경향성은 시스템에 어떠한 의미를 부여하는 정보가 되고, 시스템은 해석계가 된다.

통상적으로 환경이라는 것은 외부로부터 오는, 그 정황 고유의 우연적 정보다. 그 정보에 교란되어 시스템이 잘 돌아가지 않으면서 죽어버리는 일도 있고, 정보를 잘 이용하여 시스템이 발전하는 일도 있을 것이다. 당연한 얘기지만 같은 정보라도 해석계가 다르면 귀결 또한 달라진다.

DNA는 관점에 따라서는 시스템의 한 요소에 불과할 수도 있지만, 다른 관점에서 보면 시스템에 방향성을 부여하는, 내부에 한정을 가하는 정보라고 볼 수도 있다.

정보가 동일한 의미를 가지고 동일한 귀결을 초래하는 것은 해석계가 같을 때뿐이다. 요컨대 시스템이 다르면 정보는 다르게 해석된다.

예를 들면 Pax6이라는 유전자가 완전히 같은 DNA정보를 부여했다 해도, 초파리의 시스템과 인간의 시스템은 다를 수밖에 없기 때문에 해석 방식이 달라지고, 그리하여 초파리에서는 겹눈複眼을 만들지만 인간에서는 홑눈單眼을 만든다.

정보는 물론 중요한 것이지만 그것을 해석하는 해석계가 없으면 기능하지 못한다. 나아가 정보의 의미 또한 해석계에 의해 좌우된다. 거기에 대응자의성이 있다. 정보와 그 의미는 결정론적으로 엄밀히 결정되는 게 아니라, 모종의 의미에서 자의적으로 결정되는 부분이 있다고 생각하는 편이 옳다.

그렇다고 한다면 역으로 정보가 달라도 같은 것이 만들어질 수가 있는 것이다. 표현형모사phenocopy가 바로 그런 경우다. 초파리의 배에 DNA와는 전혀 다른 에테르라는 정보를 부여해도, 같은 형形의 초파리가 생긴다. 이는 해석계가 DNA와 에테르를 같은 것으로 해석하기 때문이다.

이러한 사태는 DNA 자체들 간에서도 발생한다. 인간에게는 후신경嗅神經, 후구嗅球, 생식샘의 형성에 관여하는 칼 유전자KAL gene가 있다. 이 칼 유전자에 이상이 생기면 생식샘과 후신경의 미발달이 초래된다고 알려져 있다. 그런데 쥐에게는 칼 유전자가 없다. 하지만 해부학적으로 보면 쥐나 인간이나 모두 포유류로서 후신경, 후구, 생식샘이 기본적으로는 모두 같다. 결국 쥐의 경우에는 다른 유전자를 써서 이 기관들을 만들고 있음에 틀림없다. 전혀 다른 DNA라도 해석계가 같은 정보라고 해석하면 같은 기관을 만들 수 있다는 얘기다.

Pax6유전자의 경우는 정보가 같아도 다른 형을 만든다. 한편 칼 유전자의 경우는 정보가 달라도 같은 형을 만든다. 정보와 해석계의 대응 자의성이 그때그때 생물의 몸속에서 적당히 결정되는 것이다. 그리고 이것이 바뀌면 생물은 크게 변화할 수밖에 없을 것이다.

그런 의미에서 정보와 해석계의 대응이 어떻게 되어 있느냐를 알지 못하는 한 진화의 실상은 알 수 없다. DNA가 변화했느냐 아니냐는 말단적인 문제에 불과하다.

이것이 바로 구조주의생물학의 관점인데, 이는 어떤 의미에서 보자면 기호론적인 사고방식이기도 하다. 퍼스는 기호란 기호 자체, 기호의 의미(기호가 지시하는 대상), 그들 전체를 해석하는 인간, 이렇게 삼각관계 속에서 비로소 기능한다고 말했는데, 얘기인즉 해석계가 있고서야 기호라는 게 기능할 수 있는 것이다. 해석계가 없으면 기호 혹은 정보는 기능하지 못한다. DNA도 해석계가 있고서야 비로소 의미를 띠기 시작한다.

강제유전

생식이라는 것은 어떤 구조를 가진 공간이 분리되어 그 룰이 마치 문화와 전통처럼 다음 세대로 이어져 가는 것이라고 생각할 수 있다. 물리화학법칙에 의해 고차적 구조를 가지는 공간을 '한정공간'이라고 부른다.

한정공간은 배반하지 않는 구조열이 존재하는 공간으로 생물의 개체도 하나의 한정공간이다. 한정공간끼리 융합했을 때 어떠한 귀결을 초래하는가는 진화에 있어 중요한 문제다. 예를 들면 완전히 배반하는 한정공간이 융합되면 많은 경우 한정공간이 부서지며 기저의 공간으로 돌아가 버릴 것이다. 요컨대 생물은 죽어 버릴 것이다.

그런데 저차적인 한정공간이 있고 아울러 그 한정공간의 구조를 전부 가지면서도 그보다 고차적인 구조를 부가한 한정공간이 있을 때, 이 두 공간이 들러붙으면 그들은 모두 고차적인 구조로 흡수되어 버릴 것이다.

이는 생물의 유전을 생각할 때 극히 중요한 의미를 갖는다. 유성생식을 하는 생물종이 있다고 할 때, 이 생물종의 극히 일부 배우자에게 모종의 형태로 고차적인 구조가 부가되었다고 하자.

이런 배우자가 다른 생물과 합체를 하면 합체된 것은 모두 고차적인 구조가 된다. 고차적인 구조를 A라고 하고 원래의 구조를 B라고 하자. 멘델의 유전 방식에서는 A와 B가 융합해도 A는 A, B는 B로 존재하고 그것은 또 A와 B로 나뉜다. 그러나 멘델의 방식과 다르게 이 경우에는 A와 B가 융합했을 때 전부 A로 되어 버리는 것이다. 이것이 강제유전이다.

유성생식을 하는 생물의 일부가 세포 레벨에서의 고차적인 시스템을 개발했다고 한다면, 그것은 강제유전을 하기 때문에 자연선택과는 관계없이 집단으로 확산되어 상당한 속도로 진화할 가능성이 높다. 고생물 연구에 있어서 생물이 단숨에 새로운 생물로 변했다고밖에는 생각할 수 없는 예가 다수 존재한다. 그런 경우는 어쩌면 강제유전의 메커니즘이 작동하여 단숨에 별개의 생물로 변해 버린 것일지도 모른다.

이때 자연선택은 중요하지 않다. 새로운 시스템이 생존가능한 시스템이기만 하다면 자연선택과는 관계없이 살아남는다.

설령 원래의 생물이 환경에 더 적합했다고 해도, 유성생식의 결과 새로운 시스템은 전부 강제유전되기 때문에 경쟁의 여지는 없다. 이는 자연선택이나 유전적 부동(浮動)과 다른 종류의 진화 메커니즘에 대한 가설이다.

게놈시스템의 진화

DNA가 정보로서 중요한 작용을 한다는 것은 확실하다. 그러나 DNA 또한 시스템에 구속되어 있기 마련이므로 멋대로 변할 수는 없다. 돌연변이라고 하지만 어떤 허용범위 내의 변화일 수밖에 없을 터이다.

세포 안 DNA의 총체를 게놈이라 한다(정확히 말하자면 염색체 2n의 생물의 경우 n을 게놈이라고 한다). 요컨대 게놈은 세포 안 정보계의 총체다. 해석계와 마찬가지로 정보계 또한 구조화되어 있다고 생각하면, DNA의 돌연변이는 이 게놈시스템에 의해 구속되어 있다고 생각할 수 있을 것이다.

DNA의 변화방식은 게놈시스템, 즉 게놈의 구조에 의해 지배되고 있고, 따라서 제한된 변화방식들만 가능하다. 시스템이 변해 다른 변화방식도 가능하게 된다면, DNA의 가능한 안정적 배치가 변한다. 해석계의 고분자 시스템의 기본이 변하지 않아도 생물의 형은 크게 변하는 것이다.

예들 들어 척추동물이라면 척추동물 안에서 대단히 저차적인 분류군의 정립 여부는 그런 레벨의 변화와 관련된 것일 수도 있다. 그것은 해석계의 진화와 비교하면 진화로서는 조금 레벨이 낮은 진화다. '속'屬 레벨의 진화나 그보다 조금 낮은 레벨의 진화는 DNA의 돌연변이를 맡고 있는 구조의 변화라고 생각할 수도 있다.

왜 왕딱정벌레의 종류는 네 가지뿐인가

그런 예 중의 하나가 바로 왕딱정벌레다.

왕딱정벌레 아속의 분자계통수를 보면 왕딱정벌레, 야콘딱정벌레, 작은딱정벌레, 푸른딱정벌레 등의 종이 있고 이것을 형태종이라고 본다면 형태종은 네 가지 패턴밖에 없다.

미토콘드리아 DNA로 조사한 계통이 맞다고 가정해 보자. 그러면 예컨대 고치현의 작은딱정벌레와 왕딱정벌레, 혹은 와카야마현의 왕딱정벌레와 미에현의 야콘딱정벌레는 아주 최근에 분기한 셈인데, 고치와 와카야마의 왕딱정벌레는 계통상으로 멀고 이들은 조상형 때부터 이미 분기되었다고 할 수 있다.

오늘날 왕딱정벌레의 형태종이 어떤 특수한 핵 DNA에 따라 결정된다고 가정해 보자. 왕딱정벌레, 야콘딱정벌레, 작은딱정벌레, 푸른딱정벌레라는 형을 결정짓는 유전자를 A라 하면, 당연히 이것도 시스템에 구속되어 있으므로 A라는 유전자는 무작위적으로 변할 수는 없고 유전자의 염기서열 패턴은 A_1, A_2, A_3, A_4 이렇게 네 가지 패턴만이 안정적일 수 있다고 생각한다.

즉 DNA가 이 네 가지 패턴을 벗어나 다른 것으로 된다고 하더라도, 다시 이 네 가지 패턴으로 수복修復되고 만다고 생각하는 것이다. 그렇게 돌아가게 하는 수복유전자를 P라 하고 A_1에 대해 P_1, A_2에 대해 P_2, A_3에는 P_3, A_4에는 P_4라는 수복유전자의 존재를 생각해 볼 수 있다. P는 동일 유전자가 많이 존재하여 소위 다중유전자족을 이루고 있다고 가정해 보자.

왕딱정벌레 아속이 A_1 레벨에 있으면 형으로서는 왕딱정벌레라는 형태종이 된다. A_1은 P_1을 바탕으로 하고 있어 다른 것이 된다고 해도 P_1

으로 수복되어 다시 A_1으로 돌아가 버린다. 그러나 너무 큰 변화가 일어나게 되면 온전하게 수복되지 못하고 죽어 버리는 경우도 있을 것이다. 계열이 살아 있는 경우는 언제나 A_1으로 돌아가 종의 안정성이 유지된다.

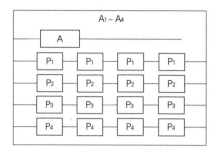

왕딱정벌레의 수복유전자 가설
왕딱정벌레 아속은 형태결정유전자 A와 수복유전자 $P_1 \sim P_4$의 다중유전자군을 보유하고 있다고 가정해 보자.

그런데 P_1은 일정한 폭 내에서 무작위적으로 변화할 수 있는 것으로서, 그 중 정상적인 P_1만이 A_1을 수복할 능력이 있다고 하면 만일 P_1의 모든 중복유전자에 이상이 발생할 경우에 P_1은 A_1의 안정성을 뒷받침할 수 없게 되고, 변화를 허용하게 된다. 그러나 A_1이 점점 변화하여 A_2가 되었을 경우, 게놈 안에 정상적인 P_2가 있으면 이 지점에서 안정된다.

바꿔 말하자면 왕딱정벌레종 안에는 A라는 유전자와 P_1부터 P_4까지의 다중유전자 세트가 공유되고 있어, 우연히 모든 P_1에 돌연변이가 일어나 정상적으로 기능치 못하게 되고 A_1이 살아남을 수 없게 되었다 해도, 다른 $P_2 \sim P_4$의 정상유전자가 게놈 안에 존재하고 있으면 상황이 달라진다. 예컨대 A_1이 변화하여 A_2가 되었을 시점에 P_2가 뒷받침을 해 주면서 안정을 취할 것이기 때문이다.

이때 모든 P_2가 이상을 일으켜 A_2가 불안정해지면 마찬가지 프로세스가 진행되면서 A_1이나 A_3 또는 A_4에서 재차 안정될 것이다. 여기에 A_1이 들어오는 것은 A_2에서 안정되는 도중에 P_1의 일부가 정상으로 돌아올 가능성이 있기 때문이다.

결국 왕딱정벌레 아속은 이러한 시스템이 있는 한 A_1, A_2, A_3, A_4라는 형태종 이외로는 될 수 없다. 나아가 이런 레벨에서의 진화는 전 상태로 되돌아갈 가능성도 있다. 예를 들자면 작은딱정벌레만을 남기고 나머지는 멸종돼도 이후 몇 만 년이 흐르다 보면 작은딱정벌레로부터 다른 세 가지 왕딱정벌레 아속의 형태종들이 분기해 나올 수도 있다는 것이다.

생물을 만드는 것은 아직 불가능하다

그러면 대체 이 시스템은 언제 확립된 것일까를 생각해 볼 수 있는데, 바로 이 시스템이야말로 왕딱정벌레 아속의 기원이다. 이 시스템이 확립되었을 때가 바로 왕딱정벌레 아속이 정립되었던 때라고 볼 수 있는 것이다. 이때 게놈시스템 위에 하나의 룰이 정립되고 그후의 계통은 이 룰의 구속을 받는다. 이 룰이 바뀌지 않는 한 왕딱정벌레 아속은 절대로 다른 생물군이 될 수 없다.

이 룰은 세포 안 DNA나 DNA가 만드는 단백질 등이 커뮤니케이션을 할 때의 룰이다. 그러니까 이 룰을 건드리지 못한 채 DNA만 변화시키는 것으로는 다른 생물이 생겨날 수 없다.

장래에 미시적인 기술이 발전하여 다양한 것을 공시적으로 단숨에 조작할 수 있게 된다면 새로운 생물이 만들어질 가능성은 있다. 그렇기는 하지만 지금 단계에서 유전공학적으로 DNA만을 조작해서는 새로운 생물을 만들 수 없을 것이다.

세포라는 것은 대단히 복잡한 시스템이다. 나는 생물이라는 것이 플라톤이 말하는 영혼 같은 특별한 무엇을 가지고 있다고는 생각하지 않는다. 그러므로 세포 내 물질의 배치도를 매우 엄밀하게 알게 되고, 미시적 기술을 구사해 고분자라든가 그 밖의 다른 물질들을 우리 세포의 수정란과 같이 늘어놓을 수 있다면, 그때는 생물을 만들 수 있을 것이다.

하지만 세포 안에 들어 있는 물질들을 시험관 안에서 이리저리 섞어 가지고는 배치가 완전히 뒤죽박죽으로 달라질 것이기 때문에 그것은 생물이 되지 못한다. 그러나 어찌어찌 잘 배치를 하고 그때의 배치에 바탕을 둔 룰이 단숨에 확립된다면 그것은 문화와 전통이 되어 새로운 생물이 생겨난다. 이것은 논리적으로는 가능하다. 그렇지만 방대한 수의 분자들을 입체적으로, 더욱이 공시적으로 눈 깜짝할 순간에 배열하는 것은 불가능하다. 그러니까 사실상 생물은 인공적으로 만들 수 없다고 할 수 있다.

원시 지구에서 단백질, 지질, 핵산 등 방대한 고분자들이 있었을 때, 어떤 우연한 배치를 바탕으로 어떤 룰이 단숨에 정립되었다. 그것이 바로 생명의 기원이다. 그런데 지금은 그러한 물질들이 우리 주변에 거의 없다. 그러한 물질들은 이미 살아 있는 생물에 전부 포함되어 룰에 구속당하고 있다.

생물을 모두 죽여서 원시 상태와 같은 상태로 만들면 새로운 생물이 생겨날 수 있을지도 모르지만, 지금은 재료가 전혀 없기도 하고 그러한 룰이 생겨나는 일 자체도 확률적으로 매우 희박한 사건이다. 따라서 새로운 생물이 생겨나는 일은 거의 불가능에 가깝다.

설령 만의 하나, 시험관 안에서 인공적으로 생물을 만들 수 있다 하더라도, 경계조건이 너무나 복잡해 그것을 실험적으로 재현하기는 불가능하다. 이른바 반복실험이 불가능하다는 얘기다. 그런 의미에서 보자면 인공적으로 생물이 생겨날 수 있을지 여부는 확정할 수 없다고 할 수 있다.

진화가 일어나는 방식

지금까지 말한 내용을 잠깐 정리해 보자. 최초의 생물은 원시 지구에서 많은 분자들이 우연히 어떤 배치를 취한 것을 계기로 단숨에 생겨난 것이어서 어쩌면 처음에는 배치를 구속하는 정보계를 갖지 않았을지도 모른다. 배치를 구속하는 정보계가 없는 구조(시스템)는 외부로부터의 정보에 의해 구조의 룰이 허용하는 범위 안에서 배치(형태)변환을 일으키기 때문에 형이 늘 불안정한 부정형이었을 것이다.

핵산(DNA 또는 RNA)의 염기서열 같은 형식으로 배치를 구속하는 정보계가 정립되었을 때(물론 이것 또한 근거 없이 생겨났다고 생각된다), 생물은 비로소 안정된 형태를 갖게 되었으며 동시에 그것을 자손에게 전달할 수 있게 되었다.

DNA는 구조의 배치를 안정시키는 장치라 할 수 있다. DNA는 복제되어 자손에게 전달되는데, 가장 중요한 유전은 구조 그 자체가 전해지는 것이다. 달리 말하자면 '살아 있음'이 유전되는 것이다.

DNA가 배치를 구속하는 정보계라고 한다면, 생물 안에 구현되어 있는 구조는 정보계와 그것을 해석하는 해석계로 일단 나누어 생각할 수 있다. 그렇다면 진화는 해석계의 진화와 정보계의 진화로 편의상 나눌 수 있다.

가장 중요한 진화는 해석계가 새로운 시스템이 되는 것이다. 그것은 생체 내 고분자 간의 기호론적 관계성이 변화하는 일이다. 물론 시스템의 변화라는 것도 종류가 가지가지여서 기초적인 룰의 근본적 개변改變에서부터 시스템 말단에 새로운 룰을 약간 부가하는 수준까지 다양할 것이다.

기초적인 룰의 변경(이를 구조변환이라 부른다)은 극히 고차적인 대분류군(예컨대 '문')의 기원이 되고 룰의 부가(구조부가라 부른다)는 보다 저차적인 분류군, 예컨대 '강' 같은 분류군의 기원이 될 것이다.

본서에서 게놈시스템이라 부른, 정보계의 룰의 변경은 앞서 얘기한 왕딱정벌레 아속과 같은 더욱 저차적인 분류군의 기원이 된다. 이러한 변경들을 동반하지 않는, 단순한 DNA의 변화는 정보계 구조의 배치변환에 불과하여 원상으로 돌아갈 수도 있다.

종 내에서의 소진화小進化는 기본적으로 마지막에 이야기한 진화에 해당한다. 그런 까닭에 소진화가 누적되어 대진화가 일어난다고 하는 신다윈주의의 주장은 넌센스다. 이 두 가지 진화는 근본적으로 다른 것이다.

가역적인 소진화

왕딱정벌레 아속의 네 가지 형태종의 계통수는 소진화의 가역성을 보여준다고 생각된다. (남의 둥지에 알을 낳는) 뻐꾸기 알은 둥지 주인의 알과 닮도록 진화한다는 이야기가 있는데, 이것도 뭐가 먼저인지 알 수 없는 이야기일 수도 있다. 진화는 원상복귀가 불가능하다고들 하지만, 소진화는 기본적으로 원상복귀될 수 있는 게 아닐까?

인간도 3만 년 전에 생겨난 후에는 구조가 변하지 않고 있다. 형태는 변하고 있지만 그것은 배치변환을 일으키고 있을 뿐이어서 원상복귀가 가능하다.

예를 들면 야요이 시대〔조몬 시대 이후의 시기로 기원전 4세기부터 기원후 3세기 정도까지라고 한다〕에 살던 사람들의 신장은 작고 조몬 시대〔약 1만 년 전의 시대〕사람들의 신장은 컸다. 가마쿠라 시대〔1185~1333년〕사람들은 신장이 컸지만, 에도 시대〔1603~1867년〕말기부터 메이지

시대[1868~1912년] 초기의 사람들은 신장이 대단히 작았다. 에도 말기의 평균신장은 여성이 약 145센티미터, 남성이 약 150센티미터 남짓이어서 170센티미터라면 거한巨漢, 180센티 정도 되면 구경거리였다. 그런데 그로부터 100년 정도 지난 지금은 다시 신장이 커졌다.

이렇게 돌고 도는 식이라서 일방적으로 신장이 커졌다든가 작아졌다든가 하질 않았다. 얼굴 형태도 몇 년 지나면 예전 사람들과 닮은 형태로 바뀔지도 모른다. 인간의 진화는 일방향적으로 진행되지도 않지만 완전히 우연에 규정당하는 것도 아니다. 긴 안목으로 보면 필시 원상복귀도 가능할 것이다.

구조주의진화론은 실증 가능한가

구조주의진화론도 신다윈주의와 마찬가지로 지금으로서는 단순한 이야기에 불과하다. 이야기 수준에서 벗어나려면 실험적으로 진화를 증명할 수밖에 없다. 실험진화학이라고도 부를 수 있는 분야가 확립되면 어떠한 이론이 더 현상정합적인지 알 수 있겠지만, 그러기 전에 일단 구조주의진화론의 일부만이라도 실증할 수는 없는 것일까?

가장 가능성 있는 것은 게놈시스템의 해명일 것이다. 왕딱정벌레아속의 형태종을 예로 들자면, 핵 DNA 안에서 형태결정유전자를 찾아내어 그것들이 네 가지 형태종별로 각각 안정적이라는 점을 보이는 것은 현재의 유전공학 수법으로도 가능할 것이다.

나아가 유전자A를 끄집어내 거기에 변이제變異劑를 작용시켜 돌연변이를 일으키고, 그 유전자를 난자에 도입하여 개체를 발생시켰을 때, 형태가 어떻게 변화하는가를 조사할 수도 있을 것이다. 이러한 돌연변이유전자를 가진 계통을 몇 세대에 걸쳐 사육하여, 그 자손이 결국 네 가지 형태종 중 하나로 귀착됨과 동시에 유전자가 네 가지 안정적인 패턴 중 하나로 돌아간다는 점을 보이면, 왕딱정벌레 아속의 네 가지 형태종 간의 배치변환은 실증될 것이다.

해석계의 구조를 실증하는 것은 정보계의 구조를 실증하는 것에 비해 훨씬 더 곤란할 것이다. 현재 분자생물학의 수준이 세포 내 고분자 간의 커뮤니케이션의 룰을 포착하는 지점까지 도달하지 못했기 때문이다. 그래도 일단 다음과 같은 실험은 가능할 수도 있다.

계통이 꽤나 다른 세포끼리, 혹은 동물의 난자끼리 세포를 융합시켜 새로운 구조가 출현하는지 하지 않는지를 알아 보는 실험이다. 그 중에서 거의 대부분은 죽어 버릴 테지만, 어쩌면 이상한 생물이 출현할지도 모른다. 혹은 다양한 고분자들을 무생물 계 안에서 상호작용시켜, 고분자간의 커뮤니케이션의 룰을 부분적으로나마 해명하는 실험도 가능하지 않을까?

어쨌거나 자연계 안에서 진화가 생긴 것이라면, 실험적으로도 진화를 생겨나게 할 수 있을 터이고, 그리되면 비로소 진화의 메커니즘이 실증적으로 해명될 것이다.

에필로그_ 과학의 도전

실체론에서 관계론으로

지금까지 진화론의 역사, 오늘날 주류가 된 신다윈주의, 그 대항이론으로서의 구조주의생물학(구조주의진화론) 등에 대해 기술해 왔다. 마지막으로 우리는 세계를 어떤 식으로 보고 무엇을 기술할 수 있으며, 무엇을 기술할 수 없는지, 인간은 무엇을 위해 과학을 하고 있는지 혹은 세계는 앞으로 어떻게 되어갈지 등에 대한 나의 생각을 밝히고자 한다.

그리스의 철학자 헤라클레이토스의 말마따나 만물은 유전流轉한다. 현실은 끊임없이 변화하는 것이다. 사람들은 이렇게 끊임없이 변화하는 현상 안에서 모종의 동일성을 발견하려고 애써 왔다. 우리가 알고 있는 가장 일반적인 동일성은 말(자연언어)이다.

사람들은 말을 별생각 없이 쓰고 있어 그것이 담당하는 동일성을 너무나 자명한 것으로 여기지만, 실은 복잡기괴하여 도통 알 수 없는 것이 바로 말이다. 이미 말했듯 말은 시간을 포함한 동일성이기 때문이다.

과학 또한 현상을 어떤 동일성에 의해 파악해 보고자 했지만, 그 과정에서 가능한 한 시간을 배제하려고 해왔다. 그런 의미에서 가장 단순한 동일성은 실체다. 이 세계를 구성하고 있는 것 모두를 실체로 환원하고, 거기에 법칙을 작동시켜서 모든 현상을 도출할 수만 있다면 그보다 더 좋을 순 없을 터이다.

뉴턴 역학은 그와 같은 구상하에서 세계를 이해하려 했다. 그것은 행성의 운동이나 물체의 낙하 등을 설명하는 데는 대단히 유효했다. 근대과학은 뉴턴 역학에서 발원한다고 해도 과언이 아닌데, 그 성공의 밑바탕에는 실체론이 깔려 있었다.

그러나 과학이 발전하고 취급하는 현상이 복잡해지자 실체론으로는 잘 설명되지 않는 일이 잦아졌다. 예를 들면 생명 현상은 실체론으로는 설명이 잘 안 된다. 생물은 실체론으로 설명 가능한 동일성으로 환원하기에는 너무나도 시간성을 많이 품고 있는 존재이기 때문이다.

그래서 실체론을 대체할 설명원리가 요구되었다. 그것을 여기서는 뭉뚱그려 '관계론'이라 불러 보고자 한다. 관계론은 중요한 설명원리를 실체나 최종법칙이 아니라 관계성이라고 보는 입장이다.

그것은 실체론의 다소 자의적인 커뮤니케이션의 룰이기도 하고 룰의 변경에 대한 논리이기도 하며, 경우에 따라서는 실체 그 자체를 관계 개념에 의해 해체하려고 하는 시도이기도 하다.

생물의 진화론과 관련하여 신다윈주의는 이미 말했듯 데카르트·뉴턴주의까지는 아니지만 그래도 실체론적 색채가 강한 이론이다. 그것은 생물의 진화를 DNA의 변화로 동치시키는 데서도 명약관화하다.

신다윈주의의 성공은 DNA를 실체로 구상할 수 있는 데서 기인한다. 신다윈주의는 DNA 자체의 진화이론으로서는 비록 충분하다고는 할 수 없을지 모르지만, 그래도 상당 부분 설명력 있는 이론이다. 하지만 유감스럽게도 생물은 DNA가 아니다. 생물 진화를 설명하기 위해서는 거기서 더 나아가 관계론적 방향으로 연구틀을 전이시킬 필요가 있다.

이 얘기는 비단 생물의 진화에만 한정된 것이 아니다. 어떤 식으로든 복잡한 현상들은 실체론으로는 더 이상 설명 불가능하다. 이런 점에서 이제 과학은 실체론에서 관계론으로 흐름이 바뀌고 있다고 해도 좋다. 대략적으로 말하자면 구조주의진화론(구조주의생물학)도 이 흐름 속에 위치하고 있다고 할 수 있다.

결정론과 복잡계

라마르크는 데카르트·뉴턴주의에 쏠려 있었다. 그에 대한 안티테제로서 다윈이 출현했지만, 현재도 물리학이나 화학 분야에서는 데카르트·뉴턴주의가 대단히 강한 영향력을 행사하고 있다.

데카르트·뉴턴주의가 결국 귀착되는 곳은 세계가 최종적으로 예측 가능하며 미래는 현재에 의해 온전히 포착할 수 있다는 사상이다. 이는 최종실체가 존재하며 또한 최종법칙이나 보편법칙이 존재함을 가정할 경우 불가피하게 도출되는 결론이다.

이것이 소위 '라플라스의 악마'라는 유명한 이야기인데, 세계가 있고 실체로서의 최종입자가 분포하고 있다고 본다. 여기에 보편법칙을 작용시키면 t시간 후의 입자의 분포는 결정론적으로 정해진다.

이러한 도식이 올바르다고 한다면, 인간도 물질로 되어 있다고 보는 한에 있어서 결정론에 지배되고 있는 셈이 된다. 그렇지만 결정론에 지배되면 자유는 없어진다. 결정론을 받아들이는 한, 자유와 결정론을 어떻게 조정할 것인가, 자유롭다는 것과 과학적이라는 것을 어떻게 조정할 것인가는 서양에서는 어려운 문제였다.

많은 사람들은 불확정성원리처럼 대단히 미시적인 지점에는 결정론이 없다는 식, 혹은 마음이라는 것을 물리화학적인 실체와는 동떨어

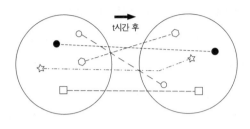

라플라스의 악마
모든 입자의 위치가 분명한 곳에 보편법칙이 작동하면
t시간 후 입자의 위치도 또한 모두 알 수 있다.

진 것(물리화학법칙과 관계 없는 것)으로 담보하면서 자유를 옹호하는 식의 언설로 문제를 해결하려고 해왔다.

그렇지만 뉴턴·데카르트주의적 결정론을 올바르다고 인정하니까 그런 게 문제가 되는 것이지, 법칙이 시간 및 공간과는 독립적으로 성립한다는 도식이 무너지는 상황에서는 그런 생각을 할 필요가 없다. 최근 물리학 쪽에서도 이 도식이 그리 쉽게는 성립하지 않는다는 얘기가 돌기 시작했다. 최근 유행하는 복잡계 이야기도 이런 문제와 관계가 있다.

그런데 복잡계 연구를 하는 사람들은 잘 알고 있겠지만 복잡계라 불리는 것의 일부는 실은 카오스이다. 카오스라는 것은 결정론이기 때문에 비결정이라든가 예측불능성 같은 세계와는 다른 것이다.

예컨대 분지 같은 지형을 생각해 보자. 분지의 비탈면에서 물체를 떨어뜨리면 마지막에는 반드시 분지 맨 밑에서 물체가 멈춘다. 분지의 비탈면 부위를 구조안정이라고 한다. 거기서 어떤 섭동攝動이 일어나도 최종결과에는 어떤 영향도 끼치지 못한다. 이런 곳은 결정론적인 계다.

그런데 분지의 꼭대기는 불안정하여 이곳에서는 초기의 섭동이 대단히 중요해진다. 아주 조금만 움직였을 뿐인데 분지 바깥에 떨어져 버린다. 즉 결과가 전혀 달라져 버린다. 처음에는 거의 차이가 없는 듯 보이지만, 최종적으로는 전혀 별개의 결과가 되어 버린다는 것이 카오스의 원리다.

카오스라는 것은 결정론
적임에도 불구하고 섭동을
알 수 없는 한, 최종 결과를
예측할 수 없기에 복잡계처
럼 보인다. 하지만 사실 진정
한 복잡계는 아니다. 단순한
계이면서 복잡한 거동을 보
인다는 면모가 재미있다.

카오스
분지와 분지 사이의 능선에서는 미묘한 차이가 완전히
다른 귀결을 초래한다.

그 역이 꼭 참은 아니며 복잡한 거동을 하는 계라고 해서 반드시 카
오스인 것도 아니다. 관련 요소들이 너무 많아서 그것을 해석解析할 수
없는 경우가 진정한 복잡계다. 혹은 본래적으로 예측불가능한 생물 같
은 계가 진정한 복잡계다.

모든 미래는 비결정이다

뉴턴 역학은 물체들 간의 인지 속도를 무한하다고 가정했다. 뉴턴 역학
에서는 중력이 질량에 비례하며 거리에 반비례한다.

따라서 극단적인 얘기지만 신이 태양을 순간적으로 채어 올리면,
그 순간 태양은 없어지고 질량은 제로가 되기 때문에 지구는 〔공전궤도
의〕 접선 방향 쪽으로 날아갈 수밖에 없다. 그런데 현재의 중력이론에 따
르면 중력이라는 것은 중력자graviton라는 입자를 교환함으로써 성립하는
것으로 보이며, 이 교환 속도는 빛의 속도를 넘지 못한다고 한다.

예를 들어 교환되는 속도가 빛의 속도와 같다고 생각하면, 신이 태
양을 순식간에 잡아 올린다 해도 지구는 8분 동안은 지금까지와 마찬가
지로 계속 돈다. 지구가 태양이 있다고 생각하고 있는 동안(8분 동안)은

접선방향으로 날아가지 않는다. 8분이 지나 태양이 없다는 것을 알아차리고서야 비로소 날아가 버린다.

이렇듯 물질이 상대의 장소를 알기 위해서는 시간이 걸린다. 상대가 멀 경우 모든 경계조건境界條件을 알기 위해선 상당한 시간이 걸린다.

우리가 잘 알고 있는 비근한 계에서는 빛의 속도가 거의 무한에 가깝다고 보아도 별 지장이 없다. 그렇기 때문에 빛의 속도를 커뮤니케이션 속도로 사용하는 입자라면 입자들끼리 상대 입자의 장소를 거의 순간적으로 알 수가 있다. 그러니까 이런 곳에서는 뉴턴 역학이 완벽히 성립하는 것으로 보인다.

그렇지만 30억 광년, 150억 광년이 되면 얘기가 달라진다. 150억 광년 떨어진 곳에서 지금 어떤 일이 벌어지고 있는지, 우리는 그것을 알 수가 없다.

가장 먼 우주는 150억 광년 정도 떨어진 곳에 있다고 하는데, 150억 광년이라는 것은 현 시점에서의 거리다. 빅뱅 가설에 따르면 대폭발(빅뱅)이 일어난 직후에 우주는 5센티미터 정도의 구球였다. 그러니까 150억 광년 떨어진 곳에서 빅뱅이 일어난 것이다. 지금 지구에서 관찰되는 사건은 사실은 150억 광년 전 5센티미터 앞에서 일어난 사건으로서 그것을 우리가 지금 보고 있는 셈이 된다.

그러므로 우주가 결정론에 지배되는 일은 절대로 없다. 무엇보다도 우주의 물질은 현재의 경계조건을 알지 못하기 때문이다. 150억 광년 떨어져 있으면 맞은편이나 이쪽이나 모두 150억 광년이 지나기 전에는 상대방이 무엇을 하고 있는지 알지 못하므로, 그때까지는 제멋대로 움직인다.

모든 물질은 기본적으로 국소조건밖에 알지 못하는 상태에서 적당히 움직이고 있다. 경계조건을 알려고 하는 운동이 경계조건을 변화시켜 버린다. 그러니까 모든 계에 있어서 미래는 비결정이다. 전부를 순식간에 조망하는 전능한 외부자로서의 신을 상정하면 신은 순식간에 전부를 알 수 있으니까 미래를 알 수 있을지도 모른다.

하지만 국소조건밖에 알지 못하는 내부관찰자 입장에서 미래는 모두 비결정이다.

내부관찰자의 시점

데카르트는 주관을 객관으로부터 떼어 내어 주관으로부터 객관을 보며 외부관찰자와 같은 행세를 했다. 그럼으로써 데카르트·뉴턴주의가 성립했다.

그러나 인간도 결국 우주 안의 한 점과 같은 존재에 불과하다. 여하한 경우에도 인간은 유한한 속도로 관찰을 할 수밖에 없고 그럼으로써 비로소 세계가 보이기 시작한다. 우리는 외부관찰자일 수가 없다. 따라서 세계를 객관적으로 기술한다고 해도 내부관찰자인 우리 입장에서 보면 세계는 본질적으로 비결정이다.

생물의 경우, 이 '비결정성'이 시스템에 있어서 본질적인 문제가 된다. 생물은 고분자를 사용하여 커뮤니케이션을 하는데, 고분자가 상대를 인지하는 속도는 빛의 속도보다 10배 정도 늦다. 머릿속 세포가 무엇을 하는지를 손발의 세포가 순식간에 알 수는 없다. 알고자 해서 뭔가를 하면 반드시 지체遲滯 현상이 발생한다. 그렇기 때문에 생물은 피드백 시스템을 갖추고 있다.

예를 들어 혈당치가 높아지면 우선 그것을 간뇌에서 검지檢知하고 혈당치를 낮추라는 지령을 내린다. 그 결과 혈당치가 내려간다. 그리고 혈당치가 너무 내려가면, 간뇌가 이를 검지하여 혈당량을 올리라는 지령을 내린다. 이와 같은 일련의 조정이 이루어진다.

요컨대 늘 음陰의 피드백 메커니즘이 작동한다. 경계조건을 순식간에 알 수 있으면 혈당치를 늘 일정하게 유지할 수 있겠지만, 경계조건을 순식간에 알 수 없으니까 음의 피드백 메커니즘이 작동되어 어느 범위 내에서 억누르게 된다. 그러한 작용을 하는 것이 생물이다.

(외부관찰자가 아니라) 내부관찰자를 상정하는 한, 결정론은 근사적으로밖에 성립되지 않는다. 생물처럼 상호 커뮤니케이션 속도가 대단히 느린 시스템에서는 근사적으로조차도 성립되지 않는다. 이는 생물이라는 시스템 입장에서는 본질적인 문제다. 결정론적인 시스템이 되어 버리면 생물이 아니게 된다.

이것은 주식 시스템도 동일하다. 예를 들어 내일 A사 주식이 1,000원 오르리라는 걸 알 수 있다면, 그런 상황에서 오늘 A사 주식을 팔 사람은 아무도 없다. 파는 사람이 없으면 사고 싶어도 살 수가 없으니 거래는 성립하지 않는다. 즉 모든 주가가 오를지 떨어질지를 결정론적으로 미리 전부 알아 버린다면, 주식시장은 성립하지 못하고 주식거래라는 시스템은 죽어 버린다.

살아 있는 시스템이라는 것은 모순이 끊임없이 몰려드는 시스템

생물은 미래의 일을 알지 못하니까 살고 있다. 미래의 일을 알지 못한다는 것은 살아 있다는 것과 거의 등가다. 미래의 일을 전부 알아 버린다면 생물은 죽어 버린다.

역으로 말하면 생물이 결정론적인 시스템에 들어간다고 하는 것은 죽는 것을 의미한다. 죽는다는 것은 고분자의 커뮤니케이션 속도로 상호작용을 하던 계系가 붕괴되고 기저에 있는 물질의 시간 속도로밖에는 커뮤니케이션할 수 없는 레벨로 떨어져 버린다는 걸 뜻한다.

날씨예보가 잘 안 맞는다든가 경제평론가의 경제예측은 들어맞지 않는다든가 말들을 하지만, 인간이 하는 일인지라 맞지 않는 것이 당연하다. 경제예측이 전부 들어맞으면 시장이 성립되지 않게 되므로 경제 그 자체가 파탄나 버린다.

어떤 사람은 자신의 국부적인local 시스템으로 정보를 수집, 자기 나름의 판단으로 주식이 오른다고 예측한다. 한편 또 다른 사람은 별개의 국부적인 시스템으로 정보를 수집, 자기 나름의 판단으로 주식이 내릴 거라 예측한다. 주식이 오른다는 예측과 내린다는 예측이 있기 때문에, 주식 매매가 성립하고 주식시장이 정상적으로 기능한다.

(일본의 경우) 모든 사람이 주식은 영원히 계속 오를 것이라고 보았기 때문에 버블이 일고 마침내는 터져 버린 것이다. 시장 그 자체가 의사疑似결정론적인 시스템에 지배당하여 산 시스템으로부터 죽은 시스템 쪽으로 접근했기 때문에 시장이 파탄나는 것은 당연지사였다.

어떤 곳에서 어떤 사람이 분명히 이러이러하게 움직일 거라는 예측을 한다. 반면 다른 곳에서는 다른 사람이 그와는 전혀 다른 예측을 한다. 따라서 국부적 시스템의 예측 간에는 필연적으로 모순이 발생한다.

그 모순이 전체 시스템을 움직이도록 만든다. 그럼으로써 나아가 또 다른 곳에서 모순이 생긴다. 그것이 재차 시스템을 움직이게 한다. 살아 있는 시스템이라는 것은 모순이 끊임없이 몰려드는 시스템이라고 할 수 있다. 바로 이것이 우리가 살고 있다는 것의 실상實相이며 만일 이렇지 않고 전부 결정론적으로 되어 버리면 살아 있다고 할 수 없는 상황이 된다.

전자에는 수염이 있을까?

진정코 미래는 예측 불가능하다. 그렇지만 그럼에도 불구하고 인간은 어떻게든 세계를 예측하고 싶어 하는 모순된 존재다.

이것은 무엇보다도 우선 인간의 언어와 관계가 있을 것이다.

소쉬르를 거론했을 때도 말한 것처럼, 말이라는 것은 차이와 동일성의 시스템이다. 우리는 반드시 동일성으로 세계를 절취한다. 완벽한 동일성이라는 것은 보편불변, 즉 보편적universal이고 불변invariant하는 존재로서, 원자 따위의 물질이나 만유인력 법칙 따위의 '보편법칙'이 그러한 동일성의 예라고 사람들은 생각한다.

그러나 그것을 절대 진리라고 생각할 필요는 없다. 그와 같은 존재라는 것도 실은 우리가 자의적으로 세계를 분절하고 그것으로 세계를 해석하는 행위에 일단은 잘 들어맞는 자의적 동일성에 불과한 것이다.

옛날 사람들은 신이 세계를 지었다고 생각했다. 주변에서 모두 신이 세계를 지었다고 생각하므로 어떤 의심도 없이 그런 식으로 생각했다. 현재의 신은 과학이기 때문에 사람들은 물이 H₂O라 믿고 있다. H₂O는 보편적이고 불변하는 존재라고 어떤 의심도 없이 믿고 있지만, 그것이 진실인지 아닌지는 알 수 없다.

물리학자 사토 후미타카佐藤文隆는 전자電子에는 수염이 자라고 있는 전자와 수염이 없는 전자가 있을 수 있다는 이야기를 했다. 모든 전자들이 저마다 다 다른 존재일 수 있다는 가능성을 현재의 과학은 완전히 배제하지 않고 있다는 것이다.

우리는 전자가 보편적이고 불변하는 존재라는 전제에서 이론을 만든다. 왜 이런 일이 가능하냐 하면, 우리에게는 전자나 원자가 보이지 않기 때문이다. 전자는 장치나 기계를 사용해서만 간접적으로 볼 수 있다.

그런데 그 장치 혹은 기계라는 것이, 전자나 원자가 보편적이고 불변하는 존재임을 전제로 해서 만들어진 것들이다. 따라서 그 장치를 사용해서 관측하는 한, 전자는 보편적이고 불변하는 존재라는 귀결 이외에는 도출될 수 없다.

예전에 방사성 동위원소를 인지하는 기계가 없어 지금과는 다른 화학적 관측방식을 사용했을 때, 모든 원소는, 그것이 방사성 동위원소든 아니든간에, 어쨌든 원소로서밖에는 인지될 수 없었다.

과학은 착각이다

라이프니츠는 '모든 개물個物은 다 다르다'고 했다. 우리가 자신의 소박한naive 감각으로 보는 모든 개물은 틀림없이 다르다. 개가 저마다 다르다는 것은 누구라도 알고 있다. 수소 또한 개물이라고 한다면, 라이프니츠에 따르는 한, 모든 수소들은 저마다 다 다를 수밖에 없다.

그러나 우리는 그걸 같다고 생각한다. 우리 소박한 감각으로 볼 때 수소의 차이를 포착할 수 없기 때문이다. 장치라는 것 자체가 이미 동일성이 포함되어 있는 존재다. (조사하기도 전에) 미리 같다는 생각하에서 조사를 하면 같아질 수밖에 없다. 다른 가능성이 있을 수 없는 것이다.

물질의 동일성을 말하지만 실은 단지 자의적 동일성하에 묶여 있는 건지도 모른다. 화성의 H_2O, 지구의 H_2O, 파리의 H_2O, 수돗물의 H_2O, 미네랄워터의 H_2O 등 이 모두가 같은 H_2O라고 우리는 생각하지만, 실은 같지 않을 수도 있는 것이다.

인간이 아주 작아져서 혈관 안에 들어가 물 분자를 보면 모두 달라 보일지도 모른다. 지구 정도되는 큰 우주인이 찾아와서 인간을 보면, 모두 같아 보일 수도 있다.

소박한 감각으로 차이를 식별할 수 없다면 전부 같다고 한다 해도 이야기가 크게 모순되지는 않는다. 요컨대 H_2O가 보편적이고 불변하는 존재라고 하는 것은 과학자 세계에서 공유되어 있는 일종의 공동환상이라고 생각해도 좋은 것이다.

우리가 사는 세계에서는 예컨대 개가 무엇을 가리키는지에 대한 약속사約束事가 있다. 그것을 벗어나 고양이를 끌고 와서 '개'라고 말한다든가 개를 끌고 와서 '고양이'라고 한다면 제정신이 있는 사람이라고는 여겨질 수 없다. 단 이러한 약속들은 거의 모두 자의적인 것이다.

인간은 세계를 어떤 동일성과 차이성으로 나누지 않고는 못 배기는 존재다. 그러나 그렇게 나누는 방식에 근거는 없다. 이는 소쉬르가 제시한 가장 중요한 테제다. 이 테제는 법칙에 대해서나 물질에 대해서나 모두 적용된다.

그런데 19세기부터 20세기에 걸쳐 과학이 발달하면서 과학은 쓸모 있는 것, 올바른 것이라고 생각하게 된 이래, 사람들은 과학이 만든 자의적인 동일성을 진리라고 착각하게 되었다. 내가 『과학은 착각이다』科學は 錯覺である라는 제목의 책을 쓴 것도 이런 얘기를 하고 싶었기 때문이다.

과학이라는 것은 과학자 사회에 의해 승인되고, 사회 또한 그것을 참으로 받아들이는 약속사인데, 그것이 진리인지 아닌지는 알 수가 없다. 그런 의미에서 과학은 선진국의 보통 교육을 받은 사람이 믿고 있는 문화와 전통 같은 것으로 그것이 언제 자의적으로 바뀔지는 알 수 없다.

동일성이라는 것은 자기 자신만 믿어서는 아무 소용이 없다. 세계와 전혀 다른 동일성을 믿고 있는 사람은 이 세계에서 제정신이 아닌 사람이라고 간주된다. 동일성을 타인과 공유하는 것, 요컨대 커뮤니케이션을 가능하게 함으로써 비로소 언어는 통하고, 이론이나 법칙이 되지만, 이 동일성이 자의적인 분절에 의해 성립된다는 것은 틀림없는 사실이다. 따라서 이것들은 모두 가설이며, '법칙'이라기보다는 차라리 '구조'라고 해야 할 어떤 것이라고 나는 본다.

구조주의진화론의 이론도 물론 그 중 하나다. 이것은 역사도 마찬가지다. 우리는 적당히 시대구분을 하여 역사를 기술한다. 그 기술 방식에 필연성은 없다.

자의적으로 역사를 구분하고 또 그것이 현재 받아들여지고 있는 것은 사람들이 (현재의 관점에서) 역사를 그렇게 보는 것이 가장 제대로인 것 같다는 공동환상을 품고 있기 때문이지 다른 이유는 없다. 그러니까 사회가 크게 변화하면 역사구분 방식도 변하지 않을 수 없다.

사회의 역동성과 유토피아

세계는 '어떤 식으로 될 것 같다'는 정도로밖에는 결정되지 않는다. 이 '어떤 식으로 될 것 같은' 것을 선택하는 건 우리 개인들이지만, 개인이 마치 그 '어떤 식으로 될 듯한 것'을 필연적인 전제인 양 받아들여 그에 따라 움직여 가는 것이 사회다. 그러나 그것은 본래 자의적인 것이라서 변화의 시기가 찾아오면 변한다고 하지 않을 수 없다.

우리는 '과학'이라는 이론틀을 만들고 '과학'이라는 약속사를 사용하여 생물은 여차저차한 구조로 포착된다고 하는 방식으로 기술을 하지만, 그것 또한 '어떤 것 같다'는 세계다.

세계가 앞으로 어떻게 변할지는 알 수 없지만, 인간이 변치 않는 한 인간이 세계를 동일성과 차이성으로 나누어 자의적인 룰이나 규범을 세우고 그 속에서 상호 커뮤니케이션을 하는 삶의 모습은 아무래도 변할 성 싶지 않다.

그러나 동일성과 차이성은 자의적인 것이라서 이를 일원화하는 것은 불가능하며, 뿐만 아니라 그렇게 하는 것이 꼭 좋은 일이라고 생각되지도 않는다.

경제에 경계가 없어지고 글로벌화하며 다양한 정보들도 경계가 없어지고 글로벌하게 된다 해도, 지나치게 일원적인 시스템을 구축하는 것은 부적절하다. 그것은 일원론에 따르지 않는 인간을 억압하게 되기 때문이다.

나아가 다원적인 국부적 시스템을 존중하면서 국부적 시스템 간의 역동성을 담보하도록 하지 않는다면 전체 시스템이 사멸해 버린다. 시스템 간의 차이를 원동력으로 삼아 세계는 움직이고 있다. 거기에 또 다른 차이가 발생하여 그 차이가 낳은 틈을 메워 넣으려고 하면서 또 세계는 움직인다. 세계는 틀림없이 이런 식으로 움직여 가는 것이다.

그러한 것을 가능케 하는 메타레벨의 제도를 구축할 수 있으면 가장 좋겠지만, 현실적으로 그것이 가능한지 여부는 알 수 없다. 메타레벨의 제도를 구축한다는 것은 규범에 옴짝달싹 못하게 묶여 있는 안정된 사회를 구축하는 것이 아니라 다양한 국부적 시스템과 사람들의 자유의지에 바탕을 둔 다양한 규범들을 공유하게 만드는 일이다.

규범들 간에 모순이 발생하는 것은 늘 있는 일이며, 그것을 조정하면 또 다른 모순이 생겨날 것이다. 그래서 또 그 모순을 조정하려고 한다. 이렇듯 늘 모순을 품으면서 모순을 끌어들이는 방식으로만 내분內紛은 해결되어 간다.

그런 의미에서 최종세계로서의 유토피아는 존재하지 않는다. 혹은 사람들이 자유롭고 빈부격차가 확대되지 않는 상태, 그런 상태를 유토피아라고 불러야 할지도 모르겠다.

감사의 말

요 몇 년간 구조주의진화론을 옹호하는, 아니 그보다는 신다윈주의를 매도하는 논문(잡문?)을 마구 써 댔다.

글쓰기에 약간 진이 빠진 참이었는데 고단샤講談社의 소노베 마사이치園部雅— 씨가 찾아와 반反신다윈주의 책자를 쓰라고 했다. 1년 전의 일이다. 속내를 알고 보면 한가롭지만 겉으로는 지극히 공사다망한 사람인 나는 싫다고 말하며 거절하고 싶었다. 그러나 강의 방식이라면 좋지 않겠냐는 소노베 씨의 감언이설에 그만 야릇한 마음이 동하고 말았다. 게다가 구조주의진화론과 관계된 책을 『분류라는 사상』 이래 한동안 쓰지 않았다는 은근히 켕기는 내심도 작용했다.

1997년 8월 상순의 더운 여름날, 이틀을 꼬박 들여서 구조주의진화론 강의를 했다. 수강생 역을 맡아 주신 고단샤 학술국 여러분의 안색을 살펴 가면서, 될 수 있는 한 쉽고도 재미있게 이야기하려고 애썼다. 그런 까닭에 원고로 쓴 이전 책들과는 리듬이 조금 다른 책이 만들어졌다. 진화론의 진정한 최전선은 어디에 있고 무엇이 진짜 문제인지는 본서를 읽어 보시면 대략 알 수 있을 터이다.

강의에 참석해 주시고, 말이 빨라 알아듣기 쉽지 않은 내 얘기를 글로 옮겨 주신 미야타 히토코宮田仁子 씨, 열심히 편집을 해주신 소노베 마사이치 씨와 도코로자와 준所澤淳 씨, 더운 날씨에도 강의를 들어 주신 고단샤 학술국 여러분께 감사의 뜻을 표하고 싶다.

1997년 10월

이케다 기요히코

찾아보기